愤怒的勇气

[日] 岸见一郎 ——————— 著

姚 逸 苇 ——————— 译

人民东方出版传媒
People's Oriental Publishing & Media

东方出版社
The Oriental Press

图字：01-2022-6635

图书在版编目（CIP）数据

愤怒的勇气 / (日) 岸见一郎著；姚逸苇译.
北京：东方出版社, 2025. 1. — ISBN 978-7-5207-4033-3
Ⅰ. B842.6-49
中国国家版本馆CIP数据核字第2024G6N259号

愤怒的勇气
（FENNU DE YONGQI）

作　　者：〔日〕岸见一郎
译　　者：姚逸苇
责任编辑：邢　远
出　　版：东方出版社
发　　行：人民东方出版传媒有限公司
地　　址：北京市东城区朝阳门内大街166号
邮政编码：100010
印　　刷：北京汇林印务有限公司
版　　次：2025年1月第1版
印　　次：2025年1月第1次印刷
开　　本：880毫米×1230毫米　1/32
印　　张：8.25
字　　数：135千字
书　　号：ISBN 978-7-5207-4033-3
定　　价：58.00元
发行电话：（010）85924663　85924644　85924641

序　章

有些人从一出生就从未遇到过挫折，过得一帆风顺；有些人或许会偶尔遇到挫折，但仍能坚定前行；还有些人一生中小麻烦不断，但身体还算健康，未曾受过重病之苦，过得也算安稳。

即使一个人能像这样幸福、平稳地度过一生，会面临突如其来的困难，阻碍前进的步伐。纵使一个人如锦鲤附体，也终究无法逃避生老病死的自然规律。身强力壮的年轻人也可能突然罹患疾病住进医院，或遭遇飞来横祸受伤卧床，也或许会卷入地震、台风、海啸这样的自然灾害之中。

比如，你本来计划与朋友出门逛街，刚进地铁站就被告知地铁因事故导致大规模延误。遭遇这样突发情况，你只需要取消计划，改日再去就好，并不会给生活带来多大的影响。然而，如果突然患上了疑难杂症，或是失去了稳定的工作，那么原本舒适、稳定的生活会变得一团糟，恐怕谁都会产生一种"这样的日子怎么才能过下去啊"的绝望感。

在人生的道路上，我们时常面临外界的干扰，自己想要做的事情也可能被身边人横加干涉。当你想结婚时，父母可能会站出来表示反对；但当你表示这辈子不打算结婚了，父母也绝不会对这样的选择听之任之。即便是日常一起工作的同事，每天生活在同一屋檐下的家人，也难免会因为对某一事物的看法不同而发生冲突。

想象一下，你在工作中被领导强行安排去完成一件难以解决的问题时，或是被领导要求对他违纪、违法的行为视而不见时，甚至被要求协助领导编造谎言、将不当行为瞒天过海时，你明明不想这样去做，但考虑到自己的生活和饭碗，不敢违抗只得"遵旨"照办。但是当你一切照办后，那些问题和错误一朝败露，领导又会施展甩锅技能，声称一切都是你擅自行事造成的，将一切责任推给你来承担。即便真的是下属擅自行事造成了不良后果，领导也难辞失职和监督不力的责任，但到头来遭到严厉处罚的终归还是下属，而不是领导。

像这样丢给你难题的领导就是人生路上的障碍。你虽然事后不停地自责，悔恨自己当时为什么一时糊涂，为什么不敢拒绝，头脑发昏接受了领导的要求，助纣为虐了呢？但终究覆水难收，再怎样懊悔也于事无补。

"我那个时候是为了保护自己，不得已才接受了领导的要求！"

反复用这样的理由给自己洗脑，但终究还是无法原谅那样的自己，那个没能守住底线、拒绝这些无理要求的自己。这样的人虽然行为上遵从了领导的命令，却一直承受着良心的谴责与折磨。

身边也会有这样一群人，他们不会为自己的行为感到羞愧，反而会因为对领导百依百顺得到提拔。看到这种情况，你会想：明明都是"奉旨"办事，为什么这些人占尽便宜，而我却要背锅，这也太不公平了吧！这样的领导真的是人生路上的障碍。

相比于这样的领导，日本的政治是我们人生道路上更大的障碍。很多人由于对日本政客的失望，不再相信政客能给自己的生活带来幸福。但是他们也不希望政客的那些昏招影响自己，或是给自己的生活带来什么不幸。没有人能够预见到新冠疫情的大规模蔓延会彻底改变我们的生活方式。新冠疫情与其他疾病的传播方式截然不同,它仅凭一己之力是无法预防的,只能依靠政府采取积极有效的防疫措施才能抑制其大规模蔓延。但是,日本政府的防疫政策带给民众的是一次又一次的失望。我们承认人类对于新冠疫情知之甚少,日本政府的防疫政策屡屡不能奏效也在情理之中。但是,当时日本政府明知防疫政策出现错误,也不第一时间撤回这些政策,反而一意孤行地继续施行。疫情不可能在人们毫无作为的情况下凭空消失,日本的政策制定者们却每天只想着这一波疫情结束后要如何刺激经济,将民众生命的优先程度排在经济增长之后。日本民众生活在这样的政治环境下,想要安稳地度过一生简直是一种奢望。

当按照自己的意志生活成为一种奢望的时候,当飞来横祸突然打乱人生节奏的时候,我们只能在绝望中选择放弃了吗?不是的!一个人不可能在一生中事事如愿,一帆风顺。但是当那些糟心的事情,糟心的人阻挡在我们面前,又不想就此放弃时,我们应该怎样做才好呢?

首先,我们需要先判断自己的力量是否足以克服这些障碍。人生中总有很多事情是无法回避的。就像一个人无论多么不愿面对死亡，但终究要走向生命的终点一样，生病、衰老、死亡这些自然规律是人类力量无法改变的。虽然个人无法回避生老病死，但如何看待、如何接受这些自然规律却是我们自己能够控制和左右的。

有一些事情虽然不属于自然规律，但同样无法回避。例如生病虽然无法避免，但是遭遇医疗事故丢掉性命却不是自然规律。即便我们相信医生，认为他们一定会尽心尽力地救治，却偏偏遇到医院没有床位导致治疗延误，这就是人祸，而不是天灾。新冠疫情肆虐时，一些原本能够得到医治的患者会因没有治疗的机会失去生命。至于地震、台风这样的自然灾害，如果是政府未能采取必要的防灾减灾措施造成了损失，也属于人祸而非天灾。当时日本政客一心想着依赖民众的自救，在抗击新冠疫情上无所作为，没有及时采取有效措施抑制疫情蔓延，导致感染人数增加。这样一来，新冠疫情也就从天灾变成了人祸。

本书思考这样一个问题：我们应该如何看待当今社会中那些荒诞无稽的事情，应该如何处理它们呢？

我在之前的很多著作中都多次提到过"愤怒"这个话题，但后来大多是沿着教育、育儿、领导论这些主题，重点讨论应该如何与人交往和发展社交关系。一时的、情绪性的愤怒虽然有助于立马解决眼前问题，但是训斥并不能保证对方今后不会再犯同样的错误。如果一个人没有更好的解决办法，他就会一遍又一遍地重复着训斥。他们总是期待，如果自己斥责再严厉一些，孩子、下属就一定能改正错误，因而重复地使用训斥这一手段。

有的人认为愤怒和训斥是完全不同的两种东西，愤怒固然不可取，不过训斥可以让孩子有教养，对于教育子女和下属来说还是十分必要的。没有谁会在被训斥后依然能够保持心平气和，因此斥责他人会疏远人与人之间的距离。在培养孩子、教育学生、锻炼下属时，采用训斥这种方式会使他们与自己在心理上变得疏远。这样一来，作为父母、老师、领导，无论你的理由、观点如何正确也很难被对方认同和接受了。基于以上理由，本书中我仍然坚持之前说过的观点：不可以斥责，不可以愤怒。

不过，我反对的只是在日常交往中训斥他人，或对他人发怒。当今社会每天都有太多荒诞无稽、黑白颠倒的事情发生，目睹这些怪现状实在令人怒火难平。我在《被讨厌的勇气》一书中，借用哲学家的对话提出了"公愤"这个词。公愤不同于一时的、情绪性的"私愤"，它是我们对不公正的、不合理的现象发出的愤怒，是人的尊严遭到侵害时产生的愤怒。如果我们变得麻木不仁，已经感受不到公愤的话，那么各种不公正将会像洪水一样肆虐人间。

刚才我已经举出了一些社会上的不公和荒谬之事，这里就不再浪费笔墨了。我们绝不能对这些世间的不公和荒谬袖手旁观。麻木不仁、不闻不问、敢怒不敢言的态度，实际上也是在纵容、认同这样的行为。

本书将尝试解答以下几个问题：公愤究竟是怎样的一种愤怒？不发怒会导致怎样的后果？怎样才能胸怀公愤？只有当我们真正愤怒起来，这个世界才会真正发生改变。今天我们的世界正处于必须发生变革的时刻。

目　录

去对抗这荒诞无稽的
现实吧

第一章

"空气"根本就
不存在 第二章

不要屈服于
压力

第三章

不要忘记
愤怒

第四章

对话能够
改变世界 第五章

去对抗这荒诞

无稽的现实吧

世间尽是荒唐事

这个世上荒谬无稽的事情太多太多。

回顾2020年，很多企业都寄希望于东京奥运会的举办能够带来庞大的需求。但是突如其来的新冠疫情让事情发生了180度的大转弯。日本政府认为不能冒着感染新冠病毒的风险举办奥运会，决定将奥运会延期一年。然而一年后，新冠病毒感染者的人数仍然有增无减，奥运会也在惶恐的氛围中进行，丝毫没有给日本的民众带来精神上的愉悦。或许真的有人享受了疫情期间举办的这届奥运会，想想2018年西日本暴雨灾害势头正凶的时候，某些人还不顾灾区的疾苦推杯换盏享受酒宴呢[①]。

一年过去了，当时新冠疫情的势头依旧没有丝毫消退。

---

① 【译者注】：这里作者影射的是2018年7月5日晚间，时任日本首相的安倍晋三在东京赤坂的"赤坂自民亭"与自民党内人士聚会饮酒的事件。2018年7月5日下午，日本中西部多个地区受到降雨带停滞影响，气象部门发出灾害避难预警。舆论认为安倍晋三作为首相彼时不应因私废公，应该实时关注自然灾害，随时指挥抗灾、救灾。

为了控制疫情蔓延，日本的普通民众长期自律，严格约束自己的行为。与此相对，政客却为了自身利益和所谓国家的"脸面"，不顾疫情蔓延风险，强行举办了东京奥运会。下层百姓拼命自救，上层政客不断破坏的状况，真的让人感到荒谬，甚至让人怒火中烧。为了举办东京奥运会，政客们不惜赌上日本民众乃至世界人民的生命安全。如果有人不会为此感到愤慨，依然能够安心享受这届奥运会的话，怕是面对成百上千的人因疫情死亡的现实也能够继续装聋作哑。

强度足以威胁生命的地震、台风、暴雪灾害也会突然打乱我们平静的日常生活。一个人某天一如既往地出门上班，在路上突然遇到事故再没能回来，这种事情是可能发生的。"一如既往"这个词说起来简单，但是实现起来却远没有说起来那样容易。维系着我们稳定生活的秩序实际上非常脆弱，十分容易被某些人、某些事等外力破坏。如果有一天自己的生活变得一团糟，恐怕很少有人能够从容地面对这样的状况吧。

英语"hour"这个词起源于希腊语中表示季节的hōra（ωρα）。季节作为一种亘古不变的自然秩序，它的形容词状态χωραίος则表示"正合时宜""程度适宜"，与"正确""正义"等关于人类行为规范的观念十分吻合①。

古希腊诗人赫西俄德（Ἡσίοδος）在"工作与时日"这首诗中写道②:

"德墨忒尔给予我们的是大地的果实。我们要将那些谷物，不误农时收集起来。"

"不误农时"就是一种χωραῖος。"一如往常"也好，农作物的时令也好，都是标准的χωραῖος状态。然而，台风过境后稻谷在收割前夜倒伏，苹果被吹落满地的情况也时有发生。

为了防止新冠疫情蔓延，有的地方把盛开的郁金香、绽放的紫藤萝全部砍掉，防止人员聚集。政府以美化奥运场馆周边天际线的名义砍伐了公园中的许多树木。因为禽流感将养鸡场中的鸡一律扑杀；果实在未成熟前就被台风吹落或人为采摘，这些都不属于χωραῖος。那么事情为什么会变成这样呢？在这些不合时宜、荒谬无稽的事实面前，没有人不会感到绝望和叹息。

---

① 藤沢令夫，『ギリシア哲学と現代』，岩波書店，1980。
② ヘーシオドス，松平千秋訳，『仕事と日』，岩波書店，1986。

进一步讲，我们之所以看到这样违背自然规律的事情会感到心痛，是因为将自然视作了一种有生命的东西。古希腊哲学家将世间万物的根源看作是水或空气，但是水、空气这些事物并非一种实体，而是一种"魂"，是"神"。我们不应将这种想法视为"不科学的"，对其嗤之以鼻。那些对自然肆意破坏的政客们，胡乱砍伐树木、填平大海，他们从未将自然界视为一种有生命的东西。被台风吹倒的稻谷、被吹落的苹果，如同英年早逝的青年一样，都是没有遵守大自然的时宜。

然而，如果因为自然的原因导致了不合时宜的情况，我们可能会选择放弃。但我们必须明白，人类对自然的破坏是不合理的。

无法接受自己和亲人的死亡

人不可能一辈子永葆青春，也没有谁能够一辈子不经历疾病。人固有一死，这是自然界的规律。但是，即便一个人颐养天年、无疾而终，用前文中的话说，已经达成了χωραίος的状态，遵照大自然的时宜迎来生命的终点，他的死亡对于家人来说仍然是难以接受的。

一个人无论如何长寿，从容面对死亡来临的一天依旧不是一件容易的事情。一个人无论多大岁数，就像陀思妥耶夫斯基在《白痴》一书中描写的死刑犯那样，临刑前也会说出："这么突然，这不是让我很难办吗？"死刑犯本应早已具备随时赴死的觉悟，但是执行死刑的日期比自己预想的提前了的时候，也会发出"这不是让我很难办吗？"的叹息。

我认识一位老哲学家，一生著作等身，即便在晚年，依然通过口述的方式笔耕不辍。有一天，老哲学家在口述时突然感慨道："我这一辈子究竟过成个什么样子啊！"生命即将走到终点的老哲学家，在回顾人生的时候，感到自己的人生竟然毫无意义，这是一件多么令人痛心的事啊！

无论老人还是孩子，如果感到死亡比自己预想的来得更早，会将其视为一件不合理的事情，很难坦然面对。

特别是年轻人遭遇疾病或事故丧失生命，更会感到死亡来得太早，不符合天时。不仅是本人，其父母肯定也很难接受。白发人送黑发人的父母会唏嘘道：这么年轻，还没有来得及享受人生就早早离开这个世界了。活得更久也并不意味着能享受到快乐，也有可能是经历更多的痛苦。

饱受病魔折磨的人常想：为什么我这么不幸，要遭受这么多折磨呢？明明我比其他人更注意健康，但为什么偏偏患病卧床的是我，而不是那些不在意身体的人呢？

根据本人的意愿想要安乐死的人，他们的家人也不会认为这样的死亡是符合天时的χωραίος吧。

挚爱的亲人因为新冠疫情而失去生命，自己会为此憎恨病毒，将病毒视为敌人，将当前我们面对的状态比喻成一种对抗病毒的"战争"。但是病毒并不会对人类感到愤怒或有敌意。即便认识到病毒并非出自故意，我们仍然难以接受亲人的离世，并不停惋惜亲人为何这么早离世。

向难以接受的死亡问责

还有一种情况的死亡会使人无法接受。衰老、疾病、地震、海啸，虽然都是无法逃避的灾难，但是除了那些我们认为不可抗的因素以外，还有很多可以问责的相关人士。如果自己或亲人的死亡与这些人相关，那么这样的死亡就很难被本人或亲属接受。

地震、海啸这些自然灾害虽然是不可抗力，但如果事前采取了必要、得当的防范措施，就不会导致后来严重的核电站事故，更不会出现当地居民因为躲避核污染被迫背井离乡的悲剧。

那些难以忍受避难所中的漫长生活，最终选择终结自己生命的人，他们的家人一定会觉得他们的离世过于不合常理，难以接受。因为遭遇事故或卷入犯罪而失去生命的人也是同样。

一个人罹患某种疾病之后，手术未必能够获得成功。如果手术中突然发生血压下降、心脏骤停的情况，医护人员虽然会尽全力实施紧急救治，但最终未必能奏效。患者的家属即使从医生那里得知手术详情和后来的救治过程，很难马上接受眼前发生的一切。更何况是因为手术中出现了医疗事故才导致病人死亡，这对于病人家属来说更难以接受。

英国精神科医师罗纳·大卫·莱恩①在自传中曾经引用了宗教哲学家马丁·布伯②的一件逸事③。布伯站在讲台上，

---

① 【译者注】：罗纳·大卫·莱恩（Ronald David Lain，1927—1989年），苏格兰精神科医师。
② 【译者注】：马丁·布伯（Martin Buber，1878—1965年），哲学家、翻译家、教育家。
③ レイン，R.D.，中村保男訳，『レイン　わが半生』，岩波書店，2002。

向观众讲授什么是人的条件，什么是上帝、亚伯拉罕契约等神学问题。突然有一个人冲上讲台，将一本又大又沉的《圣经》高高举过头顶，向讲台上扔去。《圣经》掉落在讲台上，那个人将两手伸直，高喊道："现在犹太人正在遭到恐怖的屠杀，这本《圣经》又能给我们带来什么呢？"

作为犹太教徒的布伯也对上帝给犹太人带来的灾难感到愤慨。在上帝创造的这个世界上，理应不会发生针对犹太人的大屠杀。

生病才能意识到什么是"有价值的东西"

生活中充满了各种荒谬，有人想要逃离人生的痛苦。

我认为，对于一位古希腊人来说，最幸福的事情就是没有在那里出生，其次则是在出生之后马上死去。

一个人如果从出生开始就从未遇到过挫折，一生过得一帆风顺的话，可能会难以理解为什么古希腊人会将刚一出生就马上死去视为幸福的事情。因为一帆风顺的人不可能将死亡看作一种好事，他们会尽可能地回避死亡。

迄今为止的人生虽然从未遇到什么大问题，但是遭遇飞来横祸，打乱了从前的生活节奏，那么接下来的人生也会变得不可预知，充满了不确定性。

每天承受着剧烈疼痛的人，身体无法自由自在地活动的人，无法预知痛苦究竟还要持续多久。身体健康的人会觉得明天的到来是理所当然的，他们大概不会想到那些每天都饱受病魔折磨的人并不会这样想，这些人反而期盼着明天索性不要到来会更好一些。

我在50岁那年，有一天因为心肌梗死被送进了医院。那天早上我突然发病，被救护车送到医院。当从医生那里得知是因为心肌梗死的时候，"死亡"这个字眼从我的脑中一闪而过。万幸的是，我的生命最终保住了，但在集中病房休养的最初几天，我甚至连翻个身都需要得到许可，每几个小时只能在护士的帮助下才能将身体翻到另一边。现在回想起来，或许是病房里面没有时钟，也可能是我翻身之后对面的墙壁上没有时钟，在看不到时钟的那段时间里，我感觉时间好像停止了。这样一来，入院之初身体感受到的痛苦虽然消失了，但在医院中度过的每一天却变得更加难以忍受了。

身体健康的时候，人们会觉得明天的到来是理所当然的。一旦意识到明天的到来并不是一种必然，就会发现过去被自己当作珍宝的事物竟然变得一文不值。

我在小学的时候，有一位同学的母亲患病卧床。他的父亲拿出一沓钞票，对母亲说："这些都用来给你治病。"疾病固然是能够医治的，为了治病金钱也是必不可少的。有的人和那位同学的父亲一样，认为有了钱，无论得了什么样的疾病都能够治好。认为用钱可以搞定一切的想法是多么天真。

我不知道后来那位同学母亲的病是否医治痊愈。如果没有治好的话，这件事印证了这样一个令人绝望的现实：不是所有事情都能靠金钱解决。一旦自己或家人患病，那些我们未曾怀疑过的事实也会变得不像过去那样确定了。曾经认为用钱可以搞定一切的人，一旦经历过疾病这样的事情，也不会再抱有过去那样天真的念头了。人们会惊愕：虽然我们用尽力量逃避人生中的痛苦，但却未必能够如愿。

感染新冠病毒，面对不合理的现实

对荒谬之事的愤怒和绝望不仅仅在于事情本身。

如果憎恶疾病，或是将疾病视为需要遏制的"敌人"的话，被赋予污名的就不仅仅是疾病自身，遭遇污名化的还包括那些患病的人①。如果感染病毒的人被赋予污名、遭到歧视，这些不幸患病的人也就成了被憎恶的对象。他们会被一直追问为什么会感染病毒，即便康复之后也必须不停地道歉。

像这样，不幸患病不仅得不到同情——特别是患上传染病的人本不是自己想要被感染的——反而被视作一种错误或过失，如果他们再传染给其他人更会饱受非难。从感染了传染病的人来看，这样的事实真是足够荒唐的。

这一切发生的时候，最让人恐惧的并不是疾病，而是人类。患病本来就让当事者十分痛苦，而生病时经历的世态炎凉更加让人感到生的苦涩。

病人所面对的不仅是污名，可能还有死亡。就像我在前文提到过的，死亡是一种自然规律，但是像新冠这样的传染病，如果因为政府的不作为未能防止感染的扩大而导致更多的病死者，不得不说这样的死亡是一种人祸，是荒谬的。

公元前430年，古希腊的雅典在伯罗奔尼撒战争中发生

---

① Sontag, Susan. *Illness as Metaphor and AIDS and Its Metaphors*, Picador, 2001.

过传染病大流行。有些人感染病症之后，连家人都对他们避之唯恐不及，临终之前身边没有人照顾，孤独地离开人世的患者大有人在。修昔底德①感叹：慈悲的人啊，倘若他们看到那些目睹亲人病故却无动于衷的人，一定会为这种情况感到羞愧。修昔底德记录道，善良的人看到那些目睹亲人病故却无动于衷的人，会为他们的行为感到羞耻。他们不顾自身安危，探望病榻上的友人，结果自己也感染上了疾病②。当时，修昔底德也未能幸免。他认为，那些奋不顾身探望友人的善良者，可能并未预料到自己会因此感染，但他们为了道德、为了他人而牺牲，在当时也被视为一种不合理的结果。那些人与今天冲在治疗一线，奋力救人而感染新冠，失去宝贵生命的医生们是一样的。

在这样恶政横行、充斥着不公正的社会中，活着的人是不幸的。人们不相信那些无良政客会给自己带来幸福，也不希望受到政客们的牵累而遭遇不幸。他们不关心民众的生活

---

① 【译者注】：修昔底德（Thucydides；约公元前460—公元前400/396年），雅典人，古希腊历史学家、文学家和雅典十将军之一，以其著《伯罗奔尼撒战争史》在西方史学史上占有重要地位。

② Johns, H.S., Powell, J.E. eds., *Thucydidis: Historiae,* Vol. 1, Oxford University Press, 1942.

和福祉，有的人在疫情期间发国难财、中饱私囊，有人借病毒引起的混乱浑水摸鱼，想强行通过那些不得人心的法案。把日本交给那群无良、无能的政客，如同将自己的生命置于危险境地。

谁的一生都不可能毫无挫折。上文中那些阻碍人生道路的事情只要还在这个世界上存在，我们就有可能遇到它们。无论遇到这里面的哪种状况，都将无可奈何，只得认命。

应对方法一：置之不理

当我们遇到这些困难，或是面对荒诞无稽的现实时，有什么可以应对的方法吗？接下来我将列举一些应对方法，并介绍每一种方法的特点及问题。最后在论证的基础上阐述一下我的立场和观点。

第一种应对方法是：无论发生何事，一概置之不理。

这里讨论的是应对方法。实际上，对外界变化置之不理可能本来就算不上是一种应对方法。但是对于突然落在自己头上的困难，我们虽然意识到它的存在但不加以理会，这样的处理方式也是一种可取的手段。

关东大地震①发生时，哲学家田中美知太郎身边的两位朋友因为同时钻到桌子下面避难而脑袋撞到了一起，但是田中依然安稳地坐在椅子上。

田中后来谈道："之后朋友说我当时表现得泰然自若，夸奖我'不愧是哲学家'等等。说实话，这样的评价有些言过其实，我当时大概只是被突如其来的地震惊吓过度，脑子里一片茫然罢了。"②

地震发生时，如果根据自己的意志，决定一动不动地在原地等待，这可以视为一种对困难"置之不理"的应对方法。

人生道路上出现的事情不会全部是我们期待发生的。我们都有过这样的经历：即便此时此刻感到十分幸福，这样的幸福感也会迅速退去。自己倾尽全力才进入的公司一朝破产解散，这样悲惨的事件也并不少见。

经历过这样的事情之后，我们就能意识到幸福是一种稍纵即逝、无法持续的状态。有人会因此变得乐天知命，泰然面对眼前发生的一切；也有人会为此悲伤落泪，哀叹

---

① 【译者注】：1923年9月1日日本关东地区发生的7.9级强烈地震。
② 田中美知太郎，『時代と私』，文藝春秋，1984。

突然降临的不幸。

如果健康的人某一天突然罹患重病，他在患病之前大抵是没有做任何准备的。患病这个事实无法改变，该怎样应对我们也一无所知。虽然现实无法改变，但回想当初的时候，脑中出现的都是：当初我要是那样做就好了。

当时因为心肌梗死住进医院时，我的主治医生告诉我："你接下来将会出现受害者意识，你会想：'为什么偏偏是我？''为什么其他人生活得那么轻松、快乐，而我却如此不幸'。"

我明明不吸烟、不喝酒，为什么偏偏是我得了心肌梗死这样的病呢？这明明是老年人才会得的病，为什么我这个年纪却得了呢？为什么我明明这么年轻，就要体验徘徊在死亡边缘的感觉了呢？这些都是我在脱离生命危险之后，躺在病床上脑海里闪过的念头。

有着同样念头的人，采取的应对方法也千差万别。有人无法接受只有自己遭受痛苦，对现实感到愤怒。也有人虽然哀叹自己的不幸，在行动上却无动于衷。

人际关系并非一切能如己所愿，身边人也未必总会充满善意。我们经常会遭到无端的指责和中伤，遭遇不当的贬抑和诽谤。

这个时候，明明自己什么坏事都没有做却遭遇了如此多的痛苦，即便相信自己是正确的，但是对于那些指责、中伤自己的人却没有作出抵抗。难道只能如此了吗？

无论如何哀叹，生病、衰老、死亡终究无法避免。诚然，医学取得了长足的发展，许多曾经的不治之症也都变得可以治疗，甚至可以根治了。人们的寿命虽然得以延长，但是死亡仍旧是无法避免的。

所以不作任何应对和抵抗，坦然接受那些不可理喻的荒谬现实，当然也不会发生什么。就算在这些现实面前无所作为，实际上内心也不可能毫无波澜。

在困难面前，有的人绝望地发现自己竟然一无所能、无计可施，重者为此伤心落泪，轻者也会意志消沉。即便不是有意为之，也会通过某些方式影响到周围的人。

孩子们只能通过哭的方式来表达自己的需求，父母听到孩子哭声往往能理解孩子需要什么。因此，哭声对于孩子来说是维持生存的必要技能。

尽管如此，那些一直依赖大人的孩子，他们的生活会变得依存于周围的成人。自己身上发生的困难应该依靠自己解决，但并非所有事情都能够只依靠自己解决，总有一些困难需要他人的帮助才能克服。但是，如果自己丝毫不做尝试，凡事一开始就依靠他人解决，就有问题了。

孩子看到可怕的事物会开始哭泣，那么只要闭上眼睛就可以不用看到这些恐怖的东西了。当然，闭上眼睛也不会让恐怖的事物消失。

在面对荒谬的现实时，有些人选择默然处之，对突如其来的不幸置之不理。然而，这种反应与常理不符。

我们无法逃避地震、海啸、台风等自然灾害。以前像台风这种灾害带来的是房倒屋塌、河川泛滥、家毁人亡的悲剧。如今我们可以提前预测台风的行进方向和危害程度，未雨绸缪，提前躲避灾难。即便实际情况与预测存在偏差，提前避难也有助于规避那些致命性的风险。

我们已经有能力预测很多事态的发生。这是建立在常年饱受地震、海啸之苦，有意识地紧密关注灾害动向的基础之上实现的。如果欠缺这样的意识，我们很可能会被灾害杀一个措手不及。

当时，世界各国为了抑制新冠疫情的全球性蔓延，为民众接种疫苗，但是日本政府的动作极其缓慢，刚开始时甚至毫无作为。作家多和田叶子如此评价："在日本，很多人都低头装作不知道，等待着新冠疫情自然消失。这样的做法会使我们看不到世界上其他国家的情况。我想要摇醒这些沉睡的人，让他们意识到危机就在眼前，让他们看到全世界都在奋力抗疫的壮阔风景[①]。"

只是唤醒他们，让他们意识到"啊！原来危机已经来了"还不够。还要让他们意识到，不仅是新冠疫情，世界上所有的危机都不会自行消失。

应对方法二：适应这个世界

第二种应对方法是学会适应这个世界。这种方式不是对眼前发生的事态置之不理、默然接受，而是对这些突如其来的事情赋予特殊的意义，让自己接受它们。

我在心肌梗死之后被要求保持绝对的安静，连自己翻身、变换姿势都没法做到。这段经历让我不得不思考自己为

[①] 「ただコロナに耐える日本は不思議　多和田葉子さんの視点」『朝日新聞』2020年9月3日。

何会陷入如此境地，哀叹自己为什么会遭受这些不幸。不过事到如今，再如何责备自己、嗔怪他人都于事无补，身体上的痛苦不会因此减轻半分。

不过，为了让自己接受疾病这样突如其来的事情，如果不想整天抱怨这些降临在自己身上或世上的困难有多么不合理，多么令人难以接受的话，我们就必须想尽办法为其赋予一定的意义。即便事态难以理解，想到它其实还是有意义的，我们人生中的一切境遇在某种程度上都发挥着自己的作用和意义，如此一来我们就能够接受现实了。

在人际交往中，我们无法改变对方，能够改变的只有我们自己。即使对方说出了过分的话，如果我们改变一下视角，试图发现对方的语言和行为背后存在着的善良意图，这样我们就会获得与对方和解的契机，改善和对方的关系。

自然灾害的发生是自然规律，也是我们无法逃避的。但是，我们可以通过预测台风的行进方向，将损害程度控制在最低。我们可以将这样的方式看作是人类主动适应这个世界的范例之一。

很早就有人说大地震要来了，但是今天的科学水平仍然无法准确地预知地震。传染病也是同样，即使我们能够在一定程度上预防它的扩散，但是我们无法预知将来会发生什么，因为仅仅参照先前的经验是很难精准地预测和应对未知的疫情的。

我们很难改变这个世界，也很难改变他人。如果我们接受这个事实的话，无论身边发生的事情还是他人的言行多么荒谬无稽，我们都能够接受并肯定它们。所谓"放弃"，就是明确地分辨哪些事情自己能够做到，哪些事情自己做不到。即便面对疾病、衰老或自然灾害，我们也并非完全无计可施，只能听天由命。

有人说"我自己改变就可以了"。所谓的改变自己，是指不去改变他人，而是调整我们对他人言行的看法。但是只做到这一点就可以了吗？那些说"我自己改变了就可以"的人，难道真的放弃改变他人的念头了吗？如果对方变了的话，自己也要作出相应调整，并不仅仅是口头上说说"自己改变了"就好。

对于这个世界上出现的事情，我们只是为了适应它们而赋予其积极意义就足够了吗？如今这个时代，人们不得不去思考如何在日本政客们的恶政之下依靠自己的力量幸福地生活下去。前文曾多次指出，没有人会期待着政客给我们带来幸福，但也不应被迫忍受。如此想来，只是给这个世界赋予积极的意义来接受眼前发生的一切，在如今的社会里，并不能使问题获得根本性的解决。

应对方法三：改变这个世界

第三种应对方法要求我们对于降临到我们身上的不幸，以及阻挡在我们人生道路上的障碍不能坐视不管，而是积极地去改变它们。

阿尔弗雷德·阿德勒①曾经说过，成为医生就是"想要消灭死亡"②。曾经有一位学生问阿德勒："所有人真的都终将死去吗？"阿德勒回答："如果我还有这样的想法的话，我就并没成为一名医生。我想和死亡作斗争，想要消灭死亡，想要控制死亡。"

如今这个时代，和阿德勒有同样想法的人还有很多。新冠疫情肆虐时，有的人在开发疫苗和治疗药物，有的人在全

---

① Manaster et al. eds., *Alfred Adler: As We Remember Him*, North American Society of Adlerian Psychology, 1977.

② Manaster et al. eds., *Alfred Adler: As We Remember Him*.

力治疗重症患者。无论是谁都会倾尽所能作出预防对策，因为他们畏惧死亡。

但是，世界上总有一些事情是无法改变的，无论我们怎样努力。医学的发展虽然使人们在一定程度上延缓了死亡，也可以帮助我们免于因新冠失去生命。不过正像阿德勒所说的那样，人们想要消灭死亡却"未能成功"，摆脱死亡终归是无法实现的。

即使能够改变世界，我们也很难判断这种改变是好是坏。没有器官移植技术的时代，很多病人除了等待死亡别无他法，这是医学改变世界的例子。尽管器官移植在医学上成为可能，但是未必所有的器官移植都是有益的。

再说到人际关系，有的人想要改变他人，例如斥责孩子的父母，训斥部下的领导，他们相信孩子或部下会因他们的训斥而改变。

但是，仅仅因为想要让他人朝着自己期望的方向变化，就拼尽全力改变他人的行为，这并不是明智之举。被父母或领导斥责之后，有的人因为惧怕而作出改变，也有的人会因为难以认同而拒绝服从。

接触过小孩子的人都会理解，孩子并不会完全听从你的意

愿。当孩子还很小的时候可能会任由父母摆布，一旦长大一
些，父母就没法强迫孩子去做什么了。那些不认同大人意见的
孩子们，当意识到自己的力量超过父母了，就会开始反抗。

当孩子无法按照自己的意愿行动时，他们会通过号哭、
发怒等方式试图改变父母。如前所述，孩子的哭泣虽然是表
达自己欲求的必要手段，但是仅依靠哭泣是无法传达自己的
需求的，大人听到孩子的哭声会尝试猜测孩子需要什么。而
成年人则无法通过这样的方式获取他人的关注。如果我们想
要得到什么东西，或是想要别人为自己做某些事情的话，需
要掌握比哭泣、愤怒更加有效的方法才可以。直截了当地
说，有效的方法就是用语言来传达自己的需求，很多人好像
根本不知道这种方法的存在。

那些只会用哭泣或愤怒来解决问题的人，即便成年后还
是想成为世界的中心，像小时候那样哭泣、发怒以引起别人
的注意，但是，周围人根本不会像对待小孩子那样试图去理
解他了。

人际交往中出现矛盾时，即便我们觉得问题出在对方身
上，但是改变他人也并非易事。有时我们做出了努力，而且
对方看上去好像发生了变化，但这只是我们的感知产生了变

化，并不是真正地改变了对方。

从孩子或下属的立场看，就算因为感情被迫接受了要求，做出改变，这并不是因为接受父母、领导的意见而心悦诚服地遵从他们。被迫的遵从会伤害亲子关系或上下级关系。

其他可能的应对方法及其问题

前文中我们总结了遭遇荒诞无稽的现实时的几种应对方法：

（1）置之不理

（2）适应这个世界

（3）改变这个世界

可能应对方法并不止于以上三种。这三种应对方法各有千秋，后文将会分析这三种方法存在的一些问题，并在此基础上探索其他应对方法。

〈不给发生的事情赋予意义〉

首先，一种应对方式是将发生的事情视为纯粹的事件，对其不作任何解释，不去预想之后会发生什么，甚至不再期待好事的发生。

这样的方式可以看作是"自己与世界调和"的一种变体。一个人如果选择与这个世界调和，会将发生的事情赋予某种意义。之所以说这是一种变体，就是因为它并未给这些事情赋予意义。虽然如此，这样的选择实际上却是用另一种形式给眼前发生的事情赋予意义。

疾病、衰老一般会被视为人从健康、年轻的状态"退化"的结果。实际上我们可以放弃所谓"优劣"这样的价值预设，只是将疾病和衰老视为一种"变化"。人类确实会因为年龄的增长而发生某些"变化"，但是年轻未必自然优于年老，健康也不一定好于疾病。像这样，不将衰老和疾病视为"退化"，而是将其看成一种"变化"也是将事物赋予意义的一种方式。

〈改变世界，还是不改变世界〉

从要不要改变世界这个观点上审视我们的应对方法，"想要改变眼前发生的事情"这样的选择应该归类到"（3）改变这个世界"，不想要改变的话则应该归类到"（1）置之不理"或"（2）适应这个世界"。

其中（1）就是无论发生任何事情都置之不理、直接放弃。但是如果无法直接放弃的话，人们可能会继续思考为什么身遭不幸的偏偏是自己，因而伤心落泪。就像我们在之前的内容中所说，哭泣在本质上是自己不采取任何行动，而是为了影响周围其他人的行为。

这样想的话，应对手段中的（1）和（3）都可以归为"改变这个世界"，只不过（1）可以理解为间接地改变世界，（3）是直接地改变世界。

前文中我们提到布伯，他在演讲中被人投掷《圣经》时一定也会愤怒，愤怒和哭泣之间并没有本质性差别，因此也可以被分类为（1）。

〈"改变这个世界"存在的问题〉

我认为，"改变这个世界"这种应对方法的问题在于我们未必能够将世界改造成符合我们期待的样子。我们必须区分"改变这个世界"和"适应这个世界"这两种行为。改变世界这样的行为，即便改造来、改造去，结果是为了自己而改变这个世界，这样做也仍然存在着很多问题。

另外，如果我们不考虑个人利益，甚至牺牲自己去让这个世界发生改变，这样做是毫无意义的。从事医疗工作的人们尽全力去救治患者，但也不必因此牺牲自己。我们也更不应该要求医生们这样去做。

〈"适应这个世界"存在的问题〉

"（2）适应这个世界"可以认为是将事态变得向有益于自己的方向变化，或是将事情朝着有利于自己的方向加以解释。

在人际交往之中，若是将周围发生的事情都与自己扯上关系，那么就会因他人的行为未能与自己的预想一致而感到愤慨。其他人并不是为了满足你的期望而活着，但是仍然有一些以自我为中心的人不承认这个事实。

〈摆脱以自我为中心的思考方式〉

我们能否克服这样以自我为中心的思维方式，对于我们思考如何应对荒诞无稽、不合情理的世界来说至关重要。我们在前文中思索如何超越刚才提到的三种应对方法，思索新的应对方法的时候就已经看到这一点了：发生的事情只是单纯地发生了，我们不去赋予它们任何意义。如果能够摆脱以自我为中心的思维，不将这些事情与自己联系起来，或许我们就能赋予人生积极的意义。对于那些总想着让他人按照自己的期待行动、过着以自我为中心的生活的人来说，有意识地避免将身边发生的事情与自己联系起来是十分必要的。

不过，如果将身边发生的事情视为与自己毫无关系，这样做也是有问题的。这一点我将在后文中详述。

〈乐天派的问题〉

有些人虽然面对荒诞无稽的现实，却能乐观地对待身边出现的不合理的现象。维克多·弗兰克尔[1]在《夜与雾》中描写的纳粹集中营里，在1944年圣诞节到1945年元旦期间死亡

---

[1]　维克多·弗兰克尔（Viktor Emil Frankl）：维也纳第三心理治疗学派，意义治疗与存在主义分析（Existential Psychoanalysis）的创办人。

人数达到了有史以来的顶点。弗兰克尔引用了集中营医师长的见解，解释了死亡人数飙升的原因：这之前，在很多人心中圣诞节能够回家的希望还没有完全熄灭。当圣诞节过了却仍旧没能离开集中营，这些人深受打击，失魂落魄[①]。

这与前文中应对方法（1），即对于眼前发生的事情毫不关心、毫无作为颇为相似，但是这个事例中很多人并不悲观，而是十分乐观地面对现实。而且，他们不仅十分乐观（在集中营的例子中，人们确信圣诞节能够回家），甚至期待着这个世界能够发生剧变，能够让犹太人从集中营平安离开，回家过节。从这个意义上，集中营中犹太人们的应对方法可以视为"（3）改变这个世界"的变体。

而残酷的现实是：人们不被允许回到家中，绝大多数人最终在集中营中被杀害。乐天的人相信自己的愿望终能实现，但是期望越大失望也越大，一旦愿望未能实现，这些乐天派们将陷入更深的绝望之中。

前文中我们曾经提到过席卷古希腊雅典的大规模传染

---

① ヴィクトール・フランクル，霜山德爾訳，『夜と霧』，みすず書房，1961。

病，修昔底德曾经发表过如下评论："知道自己得病时的那种绝望是最恐怖的东西。"①

当我们身处现实之中，不去悲观，对未来抱有希望是至关重要的。如果在遇到困难的时候不能给眼前的事物赋予积极的意义，不去期待事态将会按照自己的期望发展，恐怕在刚刚遇到困难时就会迅速陷入绝望。

我的立场：我们需要指出"这不是太奇怪了吗?"

这个世界上每一天都会出现让人无法接受的事情。而这些事情的发生并非我们凭借意志就能够改变的。疾病、衰老、死亡，这些都是我们难以接受的事情，但它们是所有人都必然会经历的。

英年早逝，这样的事无论多么难以接受，终究是自然规律，自然灾害也是一样。至于接受这些不可回避的自然规律在某一天来临，其实是十分困难的。但是，我们如果

---

① Johns, H.S., Powell, J.E. eds., *Thucydidis: Historiae, Vol. 1*, Oxford University Press, 1942.

目睹了医生如何拼尽全力地救治自己或亲人，即便这些努力最终未能奏效，我们最终还是能够接受现实，虽然需要一些时间。

我想提出的问题是：在面对人为的结果，或是人祸造成的困难时，我们应该如何应对呢？无论我们主观上如何不想感染传染病，但想要百分之百与传染病绝缘也是不可能的。然而，当一个人发高烧想要去医院接受治疗时，医生可能会拒绝诊察，医院可能会将其拒之门外，也可能会因为患者过多、床位不足导致治疗延误，患者甚至会因此失去生命。对于这样的结果，家属不可能将之视为天灾而接受。

这样的情况无论发生在自己身上还是亲人身上，都是无法接受的。有人会用"这大概就是命运吧"这样的说法安慰自己，但这样的方式不仅不能说服自己，我们也不应该接受这样的借口。

我们能够看到的各种疾病，未必能够被治疗方法和手术成功治愈。如果是医疗事故或过失造成的病情加重甚至终身残疾，就更需要追究相关人员的责任。

然而，如果事情不发生在自己或亲人身上，大多数人是不会去关心它们的。

很多人并不关心政治，但这并不意味着政治就与他们无关。如果生活在德政的庇佑之下，人们大可不必去关心政治；但是如果生活在恶政的阴影之下，人们很难避免不受到影响。即便如此，仍然有人对恶政抱着事不关己、隔岸观火的态度，也有人像某些评论家那样，主张休管他人瓦上霜，把自己隔离在一个安全圈之中。

然而，如果我们对恶政采取放任自流的态度，恶政就会变本加厉地作用在我们身上。就像如果家中燃起烈火，只能靠消防栓不断放水才能浇灭，我们绝不能因为看到火势过于猛烈就绝望地放弃扑救。或许喷淋救火无法使火势减弱，但是如果眼睁睁地看着烈焰翻腾却袖手旁观，火势只会变得更加猛烈。这就是当今日本政治的现状。

问题是我们应该如何应对这样的状况呢？无论是医疗还是政治，抑或是其他领域，当荒诞无稽、不合情理的事情发生时，如果我们袖手旁观，就等于认同这种不可理喻的现实。我们如果不主动地高喊"这不是太奇怪了吗？"结果一定是什么都不会改变。

第 二 章

"空气"根本就

不存在

为什么袖手旁观

在面对荒诞无稽、不可理喻的现实时，应该没有多少人会认为"任由其这样发展也可以"吧。既然如此，但是为什么发声者和采取实际行动的人如此之少呢？

首先，我们先来看人际关系问题。有人说世上的烦恼都来自人际交往，特别是当遭受欺凌，或是无端的非难和中伤时，明明行为有错的是欺凌者和无端中伤者，但是承受痛苦的却是受害者，甚至有些人因不堪忍受痛苦而结束了自己的生命。为什么在事态发展到不可收拾的地步之前，周围没有人挺身而出加以制止呢？人际关系问题的根源是什么？

其次，我们再把目光投向社会全体。当前社会中，各种不公正现象横行，即便认识到这样的现实，很多人也不知道应该如何是好。

我上大学的时候曾听一位老师说过："作为公务员，是不可以忤逆上司的。因为是公务员，遵从上司的指令就是下属的工作。"

　　老师是在第二次世界大战之前专制的时代成长起来的，可以想象在那个时代违抗上司是件多么困难的事情。但我当时听到这位老师的观点时不禁思考，当上司的指令出现错误的时候，遵从错误的指令难道也是下属的本职工作吗？如果指令有错也要遵从的话，不公正的现象岂不会更加猖獗？

　　那位老师在第二次世界大战前曾担任女子师范学校的校长，战后因为公职追放①被解除了职务。听说只有下属被追责、被开除，而最应该被追究责任的那些发号施令的领导们，却在战败之后仍安然无恙。那位老师为人温和，在说刚才的话时也并没有激动，但是我能从他当时的话中感到他的愤怒，他对于当时遭遇到的种种不可理喻的现实发出的愤怒。

　　这样的事情在第二次世界大战前和战后初期的混乱年代并不罕见，但是直到今天同样的事情仍然屡见不鲜，就不应该了。明知道不应遵从上司的旨意行事，但是大多数人还是被生活绑架，不得不把反驳上司的话吞回肚子里。既不能去指责领导的错误，也不能说出真相。更甚于，有些人毫无罪

---

① 【译者注】：第二次世界大战日本投降后，驻日盟军总司令令部（GHQ）在盟军占领时期发出的剥夺公职政策，要求将战犯及军国主义倾向者从政府机构、企业、事业单位的要职中驱逐。

恶感地执行领导的命令，并把无原则、无条件遵从上司的旨意视为使自己获益的工具，完全没有意识到自己的行为是在违纪，甚至违法。

通过自己的行为助长了不公正现象的人，可能会说："我这样做是不得已的。"特别是那些一边承受着良心谴责，一边又在行不正之事的人，他们经常用"我没法违背领导的意思""当时那个场合容不得你唱反调"之类的借口为自己辩护。我们需要思考，事实真的如他们讲的那样吗？

深刻剖析这些毫无罪恶感地服从上司指示的人，是我们解开这个问题的关键。

什么是"读空气"①

前几年，"忖度"这个词曾经被大家拿来讽刺当时的政治问题，在日本社会流行过一段时间。忖度是指顾忌他人的心情而推测其想法，这里的"他人"大多数是领导、老板这

---

① 【译者注】：日语中特有的语言表现：空气を読む。近似于中文"有眼力见儿"的含义。

样比自己身份高的人。况且还有人不仅仅忖度特定人物的想法，甚至会关注在场所有人的想法，读周围的"空气"。

"空气"到底是什么？哲学家串田孙一曾经做出过如下解释[①]。马上就要下课了，老师问同学们"还有什么问题吗？"的时候，举手提问的人会被大家讨厌。老师回答提问的时候也会想"要是没被提问的话是不是能早点下课呢？"，即便他听到下课铃声，也不会产生解脱感。这个时候，那个举手提问的人就被视为"不会读空气"的人。

实际上，所谓"空气"这种实体并不存在。也没有谁会说那些在下课铃将要响起的时候举手提问的人是"没有眼力见儿"。尽管如此，还是有人会认为需要注意场合，既然大家都期待着没人提问、早点儿下课，那自己即便有想问的问题，甚至是不得不提出来的问题也只得憋回去。

边见庸曾指出，在日本社会中"私"的观念十分淡薄，弥漫着一种不顾及个人的感受，一切服从于周围"空气"的观念[②]。以成员间和谐为第一要务，追求毫无意义的"和

---

① 串田孙一，『雑木林のモーツアルト』，時事通信社，1993。
② 辺見庸，『愛と痛み』，河出書房新社，2016。

谐”，没有任何理由的“协调”构成了日本人的日常生活。那些在察言观色、感知群体氛围方面较为迟钝的人，经常被嘲笑为“不会读空气”。但这其实是被人为设定出的环境，是一种犹如法西斯一般的环境。边见庸将这种环境称为“鵺”，即一种看不见的怪兽。

这样的“空气”大多数时间都在要求人们不要去做什么，而不是要去做什么。对抗这种“空气”并不是一件容易的事。

构成对话的要素——“场”和“间”的实体性

为什么我们会感到难以抵抗这样的“空气”呢？实际上，即便没有人要求我们这样做，我们也能够实实在在地感受到“空气”的存在。“空气”也可以说是一种超越个人力量的集体意志，它不仅可以被感知到，也是实际存在的。“空气”作为集体的意志，约束和制约着个人的想法和行为。

我们为什么会得出这样的结论呢？这要从对话是什么这个问题讲起。

对话由以下两个部分组成：

（1）我（发话主体）

（2）你（发话的对象，"我"以外其他的主体）

只有"我"一个主体的话，对话是无法成立的。为了让对话成立，发话的（1）"我"和作为发话对象的（2）"你"的存在是必要的。在对话之中，说话者和发话对象之间的角色在两个人之间交替。

如果有一方陷入沉默，对话将无法成立。我和你之间需要说些什么才可以。因此，这里需要增加一项组成对话的要素：

（3）一些内容（被说的内容）

问题就在这里。除以上三个要素之外，还可以加入第四要素：

（4）场

中冈成文指出："对话的生命，在于它是在一个有机的脉络之中发生的。如果不考虑这个性质，以及使之成为可能的那个磁场一样的环境，我们就没法期待哲学能够解释清什么是对话，而且是指向实践地解释什么是对话。"①

两个人刚开始面对面交谈时，会谨慎地思考要说什么，自己讲这句话是否合适等问题。在他们不断斟酌词句的过程中，两人的关系就变得熟络起来了。

但是即便不是有意识地去做，随着两个人你来我往的交谈，话题也会一个接一个地自然"产生"出来，对话也就自然而然地成立了。即使一个人拙于言辞，对话的话题也会无缝从一个转换到另一个上。

为了实现如此顺畅的交流，我们需要设想一个像"磁场"那样的"场"的存在。相反，如果没有这样的"场"存在，对话将无法成立。

木村敏将这样的"场"称为"间"（wischen），认为我们需要注意这个"间"的处理方式。

木村本人否定了这个"间"具有实体性，不认为"间"能够实体化，成为一种真实存在的事物②。关于对话中的"间"，木村认为它"在一定意义上像是'实体性'的意志

---

① 中冈成文，『対話と実践』（『新·岩波講座 哲学 10』所收），岩波書店，1985。
② 木村敏，『心の病理を考える』，岩波書店，1994。

力量一样的东西"①。"场"则是"成员全体"一起创造的一个东西，其自身是在作为主体行动着的②。

事实上，只有个人是主体性地行动着的，而"场"是不能主体性地行动的。即使"场"有时能够主体性地行动，个人也会被"场"所驱动，失去了主体性的行动能力。我们可以联想一下合奏音乐，演奏音乐的是一个个能动的个人，并不是个人意志之外的"场"在驱使个人演奏音乐。

"个人的主体性"和"集体的主体性"

场的主体性行动有着这些特征。

木村认为存在一种不同于个人主体性的特殊的主体性，并认为其优于个人的主体性。例如候鸟这样成群行动的生物，我们就可以将候鸟群视为一个主体，其作为群体的主体性看上去优于个体的主体性。

木村提出，如果我们将集体视作一种具有主体性的存

---

① 木村敏，『心の病理を考える』，岩波書店，1994。
② 木村敏，『関係としての自己』，みすず書房，2005。

在，那么集体就是一种不同于个体且超越个体层级的有生命的实体。他对候鸟的研究结论也同样适用于人类①。

个体的主体性地位低于集体的主体性，个人受到集体的支配，而这种支配使个体的主体性无法称为真正的主体性。

"'个人'在生活中即使有意识地将'个体的主体性'发挥到百分之一百二十的程度，这可能也只是埋藏在个人潜意识中的'种的主体性'发挥作用的结果。"②

如此想来，我们并不是在自由意志下生活的，而是在集体意志的支配下，更确切地说是在集体意志的要求下生活着的。现在的生活不是我们主动选择的，而是被选择的结果。但我们要思考：事实真的是这样吗？

木村在论及集体的主体性以及种的主体性的问题时，体现出了西田几多郎和今西锦司的影响。今西否定了自然淘汰的法则，认为进化的基本单位并不是个人，而是种。

今西锦司认为："某一个种的个体组成的集体，一旦遇

---

① 木村敏，『生命のかたち／かたちの生命』，青土社，2005。
② 木村敏，『関係としての自己』，みすず書房，2005。

到不得不做出改变的时候则会同时变化。"①个体的变化比较好理解，某一个种的个体同时变化是怎样一种状态却难以想象。

寒冷的冬日一直持续，我们甚至会觉得春天不会到来了，但是花朵总会在季节变化的时刻准时开放。人世间的事情本来就不是一朝一夕之间突然改变的。有人认为，事情是不知不觉之间决定了的。但这个决定并非与个人有关，而是在不知不觉中产生的。

今西锦司说："个体包含在自己所属的种之中，同样每个个体也带有自己所属种的特征。……所以说个体即是种，种即是个体。"②

这就是"即"的原理，这与西田几多郎所说的"绝对矛盾的自我统一"在逻辑上是一致的。③木村认为，我们无法否定有人可能产生误解，将这样的想法与一般意义上的集体

---

① 今西锦司，『自然学の提唱』（『中公クラシックスJ8』所收），中央公論新社，2002。
② 今西锦司，『生物の世界』（『中公クラシックスJ8』所收），中央公論新社，2002。
③ 木村敏，『関係としての自己』，みすず書房，2005。

主义混为一谈①，个体与集体不能简单地通过"即"连接起来，也区别于一般意义的集体主义。

如果变化的主体是个体而非种，那么个体只能服从种的决定。但"不得不改变的时刻"一旦到来，种是如何知道这一时刻已经到来了呢？

冬天到了，候鸟突然在某一天齐齐飞上天空，动身迁徙到南方。这并不是每一只鸟儿自己能够决定的，更像是候鸟们所属的种作出的判断：动身迁徙的时刻到来了。

我们将话题转回来。集体主体性，或者说"场"的力量是否存在呢？这种约束着个人的力量，究竟有多强大？

不要将"间"和"场"实体化

我在前文中提到，"（4）场"是对话发生的环境条件之一，也是对话得以成立的必要条件之一。有了"场"的存在，对话才得以顺畅地进行。但是如果我们将"场""空气""间"这样的东西视为一种实体，认为它们会影响对话

---

① 木村敏、檜垣立哉，『生命と現実』，河出書房新社，2006。

的进行，反而会让对话的成立变得更加困难。

虽然有人质疑"场""空气""间"这样的事物能否作为实体存在，但也有一些人将它们视作实体。

例如，木村敏在思考人际关系之中的"间"，或是所谓"主体间性"时，认为"间"是一种"即便没有产生任何交流"也能被人感知到的事物。[①]而且这种感觉是直接的、本能的、非逻辑的、非理性的。

在对话之中，我们说出的不仅包括有意义的内容，还包括说话时的声调、重音、抑扬顿挫，等等。它们与我们言说的内容同等重要。我们在发短信、发邮件这样使用文字进行沟通时，由于对方无法捕捉到文字之外的其他要素，因此在沟通中时常会发生情感上的摩擦。此外，初学一门外语的人往往不敢打电话。这是因为面对面的沟通中我们可以通过捕捉语言之外的动作、手势，从而获得额外的信息，借此弥补理解上的不足。但在电话沟通中，我们是无法获得这些额外信息的。

然而，木村所说的"间"并不是上面的意思。

---

① 木村敏，『心の病理を考える』，岩波书店，1994。

木村在说"即便其中没有产生任何交流"也能会被人感知到的时候，他所说的"感知"实际上是"共通的感知"，英语写作common sense，但并不是"常识"的意思。这里的"共通的感知"是相对于视觉、听觉、触觉等个体感知而言的①。木村说："而且这样的感知，其实与我们在人际交往中感知到的'场'的氛围，让我们不会做出不符合这个'场'要求的行为时的感知（常识）是一样的，二者是同一种东西。"②

像这样，如果强调我们在对话之中应该感知到的，以及支配着我们对话的"场""空气""间"的重要性，不仅无法推动对话的发展，反而会将对话甚至言论都推向更加困难的境地。

像前文中提到的，下课前举手向老师提问的例子之中，想要早点下课的"空气"使得学生有问题也不敢提出，生怕发言会破坏自己在他人心中的形象。一个人如果觉得发言会破坏当时的氛围的话，那么他会犹豫是否应该自由

---

① 木村敏，『関係としての自己』，みすず書房，2005。
② 同上。

地发表意见。想要避免自己做出不符合场合的行动，最安全的方法就是闭口不言。

在意义外部与他人的接触

学外语的人可能有过这样的经历：当我们不会外语的时候听到的仅仅是一些没有意义的音节，随着学习，逐渐能够理解一些音节的含义。这时，那些音节就不再是单纯的声音了。

小孩也有过同样的感受吧。刚开始听父母或身边人说话时，能够听到的只有音节而已，随着成长，才开始逐渐理解这些音节的意义。对语言的理解并不是瞬间能够获得的技能，而是在不知不觉间懂得了一个又一个词的含义。随着不断长大，不仅是词语，稍长一些的句子也能够听懂了。

说话人的动作、手势、表情是理解其语言含义的线索；说话时的抑扬顿挫、语调、重音也是把握语言意义的端绪。他人的话语有的时候十分温柔，有时却是严厉的斥责。孩子有时听不懂大人说话的意思，但是能从语气中明白大人是在制止自己的行为。即便不能理解大人的话，孩子也可以通过倾听、模仿，慢慢理解。如在听大人说话的时候默不作声，等待别的机会再试着用大人使用过的话来回答，大人能因此理解孩子的话并做出应答，这样孩子就懂得了这句话的准确含义，可以接着在别的场合使用了。

像这样学习母语的情况还算简单。在使用外语进行交流时，我们只是听到对方发出的声音，并不能马上理解其含义，需要将外语转换成母语才能理解。

这就是我们刚开始学习外语时的样子。当我们经历了一段时间的训练之后，即使不去集中精力理解对方说了什么，也能轻易理解对方的意思了。说话的时候也不需要事先费尽心思组织语言，也能够流利表达。

我们即便在说母语的时候也会在理解意义时出现延迟。如果我们在对话中停下来思考一下接下来想要说什么，就会跟不上对话的进度了。如果精力都集中于理解语言的意义的话，我们也没法把握好对话中的"间"。

为了让对话变得更加顺畅，我们在听对方说话的时候会无意识地预判对方接下来将要说什么。[1]想要让这样的预判

---

① 鹫田清一，『「聞く」ことの力』，TBSブリタニカ，1999。

变得可能，我们需要参考之前说过的话，还有意义以外的声调、动作和手势等。

如果这些声调、动作和手势无法有效传达给对方，或是无法被对方看到的话，对话就会变得难以进行下去了。如果是面对面的交谈，即便对话突然中断或沉默，短暂的停顿也不会使人觉得对话就此结束了。如果像是打电话那样互相看不到对方的话，沉默会使人误以为对话结束了，或是电话断线了。电话这种形式给对话造成的困难不仅限于说外语时，有时用母语打电话也会令人感到紧张。

此外，如果我们在对话时每一句都要停下来思考接下来要说些什么的话，对话中会出现很多空当①。对话越是流畅进行，就越能够顺利接下对方的话，甚至可以不经过大脑话就脱口而出。

并非自然发生的"间"

我们通常认为，由于只是从一句话表面的含义来理解对

---

① 鹫田清一，『「聞く」ことの力』，TBSブリタニカ，1999。

方，我们无法把握好这个"间"，掌握不准说话的时机。但事实真的如此吗？

掌握不好"场""空气""间"的人就真的没法对话了吗？"场"作为对话得以成立的第三个要素，是真实存在的吗？

阿德勒的学生德瑞克斯[①]后来继承了阿德勒在美国的工作。有时德瑞克斯会就自己接诊患者的相关问题咨询阿德勒的意见。根据德瑞克斯的报告[②]，阿德勒带着研修医师、护士、精神科医师对患者进行必要的诊察。当阿德勒确认过患者姓名后，便开始询问患者现在的感受、对这里的环境是否适应、想要医生为他做些什么之类的问题。患者用那种抑郁症病人特有的缓慢语速开始回答。

德瑞克斯记录道："这时，令人吃惊的事情发生了。阿德勒问完第一个问题之后，患者缓慢的回答还没有结束，阿德勒的下一个问题就接踵而至。如此这般，每次都是不等患者回答完，阿德勒就又抛出下一个问题。"

---

① 鲁道夫·德瑞克斯（Rudolf Dreikurs，1897—1972），美国儿童心理学家、精神病医生和教育家。出生于奥地利维也纳，逝于美国芝加哥。

② Manaster et al. eds., *Alfred Adler: As We Remember Him*, North American Society of Adlerian Psychology, 1977.

　　"实际上，"德瑞克斯说道，"我对老师这样的做法感到一些困惑，我在想老师难道不知道抑郁症患者没法快速说话这个事实吗？但他却不等患者说完就冷静地继续提问。我有一种难以名状的感受。患者如果突然想要说什么，应该会马上开始说。从患者说话的时候开始，老师也用极其正常的方式与患者对话。老师并不接受抑郁症患者就只能缓慢地说话这样的预设。"

　　这是一个关于"间"非常有趣的案例。英语中会使用in a slow way，或是fast，quickly这样的表达方式，但这并不是日语中"早口だった（语速快）""ゆっくり話した（语速慢）"的意思，而是患者和阿德勒的对话中的"间"是否正常的意思。这是指提出问题和回答问题之间的时间间隙，即所谓"间"过长还是过短的意思。

　　阿德勒的患者并非因病情导致无法马上回答，也不是由于疾病不由自主地延长了回答问题的时间。他们是自己选择用那样的语速和方式回答问题的。

　　阿德勒也举出了一个与这位患者形成对照的案例[①]。这

---

① アドラー，アルフレッド，岸見一郎訳，『生きる意味を求めて』，アルテ，2008。

位患者是一位说话滔滔不绝的女士。她说话的频率异常高，嘴几乎没有闭上的时候。她这样爱说话是有理由的，但阿德勒并不将这样的理由视为导致她如此滔滔不绝的"原因"，而是将其理解为她这样做的"目的"。这种目的在多数情况下是无意识的。当你问她"你为什么这样做？"的时候，得到的回答是"我自己没想这样去做啊"。她并不是出于某种原因而这样频繁地说话，她这样做是为了不让对方有机会开口。她不让对方说话其实也是有理由的。

阿德勒从巴尔扎克的小说中引用了下面的一段话①。两位商人都想在商业谈判中抢占先机，其中一位商人在交易进行中开始口吃，另一位商人也惊讶地意识到这个问题，发现对方如果在出价之前口吃的话可以赢得更长的思考时间。另一位商人为了回应对方的伎俩，突然开始表现出耳背、听不清的样子，这样对方就不得不用更高的声音喊出价格。如此这般，二人在交易中就能够确立起对等关系了。

阿德勒在问第一位患者问题时，不等对方说完就开始问

---

① アドラー，アルフレッド，岸見一郎訳，『子どもの教育』，アルテ，2014。

下一个问题也是同样的意图。因为他意识到患者想通过不去马上回答问题的方式控制对话的主导权。虽然患者在行为上这样去做了，但他却没有意识到自己这样做的原因。

"间"都是人造的

如果我们看到行为的目的，就能够正确地理解眼前发生的事情了。"间"这种东西绝不是自然发生的，而是人为制造出来的。正如我们从阿德勒患者的例子中看到的那样，对话中无法达到适宜的"间"，并不是精神疾病带来的结果。阿德勒看透了这一点，缓慢地说话并非抑郁症的症状之一，它实际上是病人为了获得对话的主导权而表现出来的。

患者对于对话主导权的争夺并非只是发生在他与医生的交往之中，在他们的整个人际网络之中都能看到这种迹象。如果工作导致了人际关系问题的发生，作为精神科医生必须对患者的人际交往方式进行治疗、提出意见，这样才能帮助解决患者问题。患者使用缓慢的速度说话，对于他取得对话的主导权是必不可少的条件。用阿德勒的话说，如果患者还没有意识到在人际交往中这样做是没有必要的，那么他即便不是用缓慢的速度而是用普通速度说话，也会毫不犹豫地搞出一些其他的严重症状来。

与此相对，在对话中将"间"做到适宜也并不一定是好事。对话中最重要的并不是"间"的适宜性。无论"间"是否适宜，我们不必过于关注"意义的外部"。

木村提出，对话的时候存在双重的意志，即集体的意志和个人的意志。这两者浑然一体，用怎样的语调说话、说什么话、说些什么内容，这些都不是我们自己能够决定的[①]。但是这些真的是我们无法自由决定的吗？可能有人期待着我们无法自己做出决定吧。"间"并不是自然发生的东西，也不是我们无法控制的东西，而是人为制造的。

"读空气"但不会沉默的苏格拉底

苏格拉底并不是一个不会读空气的人。

苏格拉底相信国家，但不相信神明，后来被扣上蛊惑青年的罪名遭到起诉，被判处死刑。在死刑执行当天清晨，朋

---

① 木村敏，『心の病理を考える』，岩波書店，1994。

友们去监狱中探望了苏格拉底。

苏格拉底在临刑前与友人们讨论起灵魂不死这个话题。苏格拉底说完之后，场面被长时间的沉默支配，其中也包括一些不认同苏格拉底见解的人。

"我刚才讲过的话，如果有人觉得困惑，请大胆提出来。如果诸位觉得我不在场大家能够更好地讨论，那么你们就自行发言，阐述自己的意见。如果认为我的参加会让讨论变得更顺畅，那我就加入你们。"①

但是，西米阿斯（Simmias）觉得苏格拉底已经如此不幸，担心此时将自己内心的疑惑提出来让气氛变得不愉快。他害怕会给苏格拉底以及在场的人们带来困扰，一直在犹豫要不要开口。但受到苏格拉底的鼓励，他还是率直地提出了自己的疑问。

"当我们听完他们二人的对话，大家的心情都像沉入了深黑的海底。"斐多回忆当时的情况时如是说道。苏格拉底当然没有被问倒。"我非常钦佩苏格拉底，首先他一直保持着兴致勃勃、和蔼可亲、心满意足的状态听取年轻人的观

---

① Burnet, John ed., *Platonis Opera, 5 vols.*, Oxford University Press, 1907.

点。而且听过我们的讨论之后，还敏锐地察觉到我们当时心情的变化，并用巧妙的方式治愈了我们当时悲伤的心情。"①

通常没有人会在临刑之前讨论灵魂不死这样的哲学问题。就算朋友们、学生们觉得苏格拉底的观点不正确也不会当场提出来吧。如果真的有人站出来和苏格拉底辩论，一定会被认为是不会"读空气"的人。但那个时候，反而是"敏锐地察觉到在场人心情"的苏格拉底，他对当时的氛围的把握比在场所有人都更加透彻。

重要的是，这样察觉了氛围、读懂了空气的人，并没有就此闭口不言停止对话。正是充分理解了在场的年轻人彼时的心情，苏格拉底才会追问有谁不认同他的论点，想要提出反对意见。

人为的空气

严格来说，苏格拉底虽然察觉到当时的氛围，但并没有把那样的氛围视为一种真实存在的、不可抵抗的实体。他应

---

① Burnet, John ed., *Platonis Opera, 5 vols.*, Oxford University Press, 1907.

该知道，当时在场的人很难在那种场合讨论灵魂不死这个话题，但是，苏格拉底仍然注意到了身边人的感受，与他们产生了共情，并催促年轻人继续讨论哲学问题。

大多数人和苏格拉底不同，他们通常感知到一种让人闭口不言的"空气"。如果被这种"空气"所压制的话，他们就会坐视那些匪夷所思的事情发生而不敢发出反对的声音。如果能够冷静地看待周边事物，那些令人匪夷所思的事情并不难被发现。但是，如果我们的判断能力被那种"空气"所吞噬、裹挟了的话，很可能就提不出反对声音，反而会认同这些怪事的发生。

那些屈服了的人，总会拿"空气"为自己的屈服辩解。但是所谓被当时的"空气"所吞噬、裹挟，这样的说法是站不住脚的。有人将自己应该说却没能说出口这件事全都赖在当时"空气"的头上。那些向当场的"空气"屈服了的人，赞成了本不该赞成的事情，应该为此承担责任。

那些为了让事态向有利于自己的方向发展试图说服别人的人，以及那些想要其他人闭嘴的人，也利用了这样的"空气"。

对空气的抵抗

前文提到，我们能够感知到"空气"，也能感觉到一种难以对抗的"场"的力量。这些"空气"和"场"并非自然出现，而是人为制造出来的。我们还看到了有些人将这样的"空气"和"场"作为说服他人或是引导他人的工具，以及当作解释自己被说服的理由。

回想一下之前的章节中向老师提问的例子，如果提问的内容不仅能解决自己的疑问，也能够使同学获取知识的话，就不应该在意是否快要下课，而应该直接举手提问。

我也是一名教师。根据我的经验，我是不喜欢下课后再来提问这种行为的。如果有学生对上课的内容不理解、感到困惑，那么有相同疑问的肯定不只是这一位同学。倘若真是如此，将疑问与其他同学分享，对老师和学生都是一件有益的事情。可能有学生会觉得在大家面前提问会不好意思，但是作为老师，我还是认为，无论什么样的提问对大家都是有益的。老师不应该打断学生的提问，如果学生有问题想问，即使老师下达"今天谁也不许提问"的命令，学生也不应该因此就把问题憋在心里。

我们没有必要屈从于那些来自同学的无声的、强大的压力，把自己的问题憋回去。不要去在意其他同学怎么想，即使他们迫不及待地等着下课铃响冲出教室，也都与我们没有关系。正在上课也好，下课铃响的前一秒也好，为了理解上课时老师讲授的内容，自己认为有必要提问时一定要当场提出来。

如果学生还要把想要提出的问题憋回去的话，就真不知道上课究竟有什么意义了。真的有学习的热情，就不必去想是不是有同学想要早下课，早点离开教室，就不用理会是不是自己的问题会导致拖堂，引得一些同学讨厌自己。读"空气"是毫无必要的东西。

有的日本政客在回答记者提问时，会以之后还有其他安排为由打断举手提问的记者。我认为像这样用"之后另有其他安排"的理由拒绝他人的提问是不应该的。但经常有政客不给出任何理由，让记者识趣一点，别再提问了。这个时候，作为记者不应该接受这样的理由，不应该任由自己的提问被打断。如果有记者养成为了让见面会结束而刻意不去提问的所谓"眼力见儿"，那简直是滑稽至极。

如果有必要去做某件事的话，即使遭遇外界的抵抗也不应该就此屈服。我们必须坚持那些真正有必要的事情，说出那些必须要说的话，要具备与这些"空气"抗争的勇气。

"私"的过剩导致"空气"的蔓延

在日本社会四处蔓延的"空气"，真的是像前文中提到的那样，是因为没有"私"的存在而导致的吗？换言之，我们是因为协调、求同的意识过于强大，太过在意周围人的看法才会噤若寒蝉的吗？

那些没有勇气与"空气"对抗的人，不如说是只在意别人的眼光，只想着别人怎么看待自己。这样看的话，他们心中不是没有"私"，反而是"私"的观念太过强大了。如果真的没有"私"的意识，理应不会在乎别人是如何看待自己的。

这些人虽然自己也清楚，应该说的话必须要开口。但是"空气"的力量过于强大，使得他们说不出来，开不了口。他们为了给别人留下好印象，该说的话不去说，该做的事情不去做。

这时候他们把大义名分拿出来做挡箭牌，说什么要读

"空气"，不要破坏和谐。他们其实心里清楚，保持沉默能够让自己获得好处。这也是他们会如此选择的理由。

故意对抗"空气"的苏格拉底

与这些人不同，临刑之前的苏格拉底就故意与当场的"空气"对抗。

苏格拉底专注于说真话，不会为了说服对方而刻意选择美丽的词藻来修饰自己的语言。他虽然被冠以毒害青年，只相信国家、不信仰神明等罪名，但是在法庭上，苏格拉底听完告发者的陈述后说："当我听到控诉我的人陈述以后，他们强有力的说辞使我连自己是谁都不知道了。"①

一个人想要说服别人，诉诸的通常不是理性，而是感情。因此，他在演讲时经常要窥视听众的表情，把握当场的氛围。

法庭控辩结束后，陪审员要投票决定苏格拉底有罪还是无罪。倘若判定有罪，陪审员还要决定对其量刑。当时苏格

① Burnet, John ed., *Platonis Opera, 5 vols.*, Oxford University Press, 1907.

拉底明明可以用动情的演说感动陪审员，争取较轻的刑罚。苏格拉底有三个孩子，一个已经成长为青年，还有两个尚且年幼。如果苏格拉底让其中任何一个孩子出现在庭审现场，并让孩子哭诉失去父亲的惨状，用这样的话来打动陪审员，应该能免于死刑。

但苏格拉底并没有这样做。他一直主张自己的行为是正确的，在法庭上说出的每一句话都在激怒法官。他这样的行为，导致虽然在第一轮投票中有罪票仅超出无罪票几票，但量刑投票时死刑票却远多于罚金票。

人必为己

人不会去做对自己来说没有好处的事情。实际上，人们的行为却未必会给自己带来好的结果。

"苏格拉底的悖论"告诉我们："世间没有谁是想要为恶的。"听到这句话，肯定有人马上就想反驳：我们不是经常能见到想要做坏事的人吗？行为不正、行事不端的不是大有人在吗？

例如，关于正义这件事情，做正义之事的人可能是出于无奈，其本性可能未必是正义之人。

如果不会被他人知晓，又有机会的话，人可能会做不正之事。人都是这样想的。

也有人是迫不得已才去做不正之事的。在领导的逼迫下说谎的下属，可能发自内心并不想那样做。行政官僚不得不对政客言听计从，替政客们圆那些低级的谎言。现代日本面对的问题已经十分明确，就是在社会方面面都充斥着不公正，而且仍然有为数众多的人重蹈覆辙，加入行不端、为不义的大军之中。

如此想来，"世间没有谁是想要为恶的"这个命题其实是悖论，有很多例子可以反驳它。

但是，在希腊语中，这个命题中的"善"和"恶"并没有道德上的意义。"善"在希腊语中是"有所得""有益处"的意思，"恶"则有"无所得""无益处"的含义。

"世间没有谁是想要为恶的"应该意味着"世间所有人都想做善事"。如果这里的"善"和"恶"分别对应的是"有益处"和"无益处"的含义，那么"世间没有谁是想要为恶的"和"世间所有人都想做善事"这两个命题的意义就成了"没有谁期盼对自己无益的事情发生"和"所有人都期待对自己有利的事情发生"。

这样解读的话,"世间没有谁是想要为恶的"这个命题就成了理所当然的事情了,不再是一个悖论了。

这样的话,那些做不正之事的人并不是想要为恶,"不正也是善",不正之事是为了给自己带来利益而做的。

苏格拉底认为正义才是善,所以他觉得即使能够保全自己的生命,诉诸感情、博取同情这样的事情终究还是不应去做的。所以他在庭审之时并没有为了活下来而那样去做。

人只会为"善"的事情,即为了获得利益而行动。抉择接下来如何行动时,人们也会根据"这件事对我有利还是没有利益"的标准做出决定。读"空气"的人,不想对抗"空气"的人,也是因为觉得这样做于自己有利,把一切责任推给"空气",自己就能免于责任了。有人觉得如果能与大家行动保持一致,就可以在人际关系之中免于倾轧和摩擦。但是我们不禁要问,这样做真的是"善"吗?

第 三 章

不要屈服于

压力

名为"道德"的威压

当我们过于在意周围人的眼光，总在读"空气"的话，想说的事情就会说不出口，原本该做的事情也无法做了。读了"空气"的话，虽然与别人不会产生摩擦，但是代价却是，我们的行为会因此受到限制，失去了自由。

限制和阻碍我们行动自由的元凶不仅仅是"空气"。正如我们在上一章看过的，空气并不是作为实体存在于这个世界上的。我们即便感知到它，其实也可以选择无视它。但是还有一种比"空气"的力量更加强大、影响更加深刻的压力也在限制着我们的自由——"道德"。

"道德"这种力量时常限制我们的行动，它施加的压力有时也是不可理喻的。

科学技术的突飞猛进使得许多不可能的事变为可能。但是技术上可以完成的事情，并非在现实中也能够随心所欲地去实现。

例如器官移植这个问题，接受脏器移植手术能够挽救生命，但是能否进行器官移植手术，与进行脏器移植是好事还是坏事，这是两个不同的问题。毕竟移植人体器官和更换器械部件有着本质性的区别。

我在接受冠状动脉旁路移植的手术时，作为旁路使用的血管是我的自体血管，并不需要从别人那里接受移植。所以在听了医生的说明之后，决定是否接受这样的手术时，我可以自己做出决定。手术的风险由自己承担就可以。

但是器官移植手术就不一样了，手术的风险不仅限于自己，还包括脏器的提供者。而且，脏器移植还会给人际关系带来影响。如果今后医疗技术继续进步，我们可能会迎来不再需要器官移植的时代。但是，现在这样因器官移植而产生的各种人际关系问题仍然是不会消失，也不可避免的。特别是父母和孩子之间，器官移植是一个突出的问题，如果拒绝了父母或者孩子的愿望，亲子之间的摩擦会不可避免地爆发出来。

外部压力："给父母提供脏器是理所应当的"

日本法医学者上野正彦曾经提到，自己的孩子在需要肾脏移植的时候，自己和妻子对孩子的感情并不相同。[①]上野的孩子患上肾功能不全，只能借助肾移植的方法进行治疗。他作为父亲并没能马上做决定提供肾脏，而妻子作为母亲，觉得给孩子捐肾并不是一个问题。母亲将孩子视作自己的一个"分身"，愿意为孩子付出一切，包括身体在内。上野后来还提起了河野太郎给父亲河野洋平捐肝的事情。他评价道："这件事情并没有被媒体拿出来大肆报道，但真的是一件值得传颂的美谈啊。"

有一位 18 岁的女孩，每周需要去医院接受三次血液透析。医生建议她进行肾移植手术，但是移植的成功率也并非百分之百。医生说，根据情况不同，有时需要保证器官从捐献者身体摘除后马上给患者进行移植才可以。

检查结果反映，女孩的母亲与她的匹配度较好，能够为她提供一个肾。但是在准备进行肾移植手术的过程中，女孩母亲却逐渐没了当初的精神。护士察觉到女孩母亲的变化，便询问她缘由。女孩的母亲说道："我明白，能给女儿提供肾脏的人只有我了。但是，我婆婆和我说：'作为母亲，给

---

① 　上野正彦，『死体は切なく語る』，東京書籍，2006。

孩子捐个肾什么的是理所当然的啦.'我听到这句话后心情久久不能平复。像这样心里并不是完全想通,总觉得哪里不对的情况下还要被切掉一个肾,感觉不安也是没办法的。"

星野一正医生如此评论那些反对器官移植的人:本不想捐献器官的人不得不提供自己的脏器,本不想接受其他人捐赠的人也不得不移植别人的器官。

"如果向那些等待着接受器官移植续命的人,或是接受移植之后能够重新回归生活的人说'我反对器官移植,所以你们也不要接受器官移植了',就如同对患者说'就算你会死,我还是反对器官移植'一样。尽管说话者本人可能并没有意识到这一点。"[①]

星野的观点,也不完全可以看作是患者的观点。从当事者以外的第三方视角来看器官移植这个问题,确实无法做到像患者本人,或是患者亲属看这个问题时那样真切。

就算我们可以从患者及家属一方看这个问题,这还是与如何思考、如何看待器官移植无关。问题在于这些观点将会给那些不赞成器官移植的人造成压力。

---

① 星野一正,『医療の倫理』,岩波書店,1991。

　　我认为无论是父母给孩子移植器官，还是孩子给父母移植器官，这些都不能称为"美谈"。如果我们站在父母或子女的立场上，我们都不可避免地感受到一种压力，这种压力在质问我们：明明你身为父母却为何不给子女捐赠器官呢？

　　作为母亲，自己应该为了孩子不惜牺牲身体，这样的想法只是一种毫无根据的信念。有人认为像母爱这样的情感是一种本能，但我认为就算身为母亲，也未必发自内心想要无条件地为子女捐献器官。

　　回到那位18岁就要接受肾移植手术的女孩的事例，她的母亲虽然清楚是给亲生女儿捐献器官，但是在手术面前仍然无法做到发自内心地接受和认同这样的选择。

　　母亲和孩子之间并不是"分身"的关系，作为母亲要给孩子捐献肾脏也并非是理所当然的。我们决不能用道德绑架器官移植，父母不给孩子捐献器官也是完全可以接受的。不仅限于器官移植，在亲子关系中也是如此，父母并不一定要为孩子牺牲自己。

　　以道德的名义提出的各种要求、做出的各种命令未必一定是正确的。令人不解的是，还是有人对这种假借道德名义，绑架、逼迫父母给孩子捐献器官的话语不假思索地认同与接受。对那些在手术面前踟蹰彷徨的父母大加批判的人也好，逼迫父母或子女捐出器官的亲戚也好，这些人并不是当事者。

总之，无论从外界受到何种压力，只有那些最适合给患者提供脏器的人才有权决定要不要进行手术。身边的人无论如何劝诱或劝阻，都没有权力决定一个人最终是否捐赠器官。

政治性、策略性的道德绑架

为人母者应当如此，为人父者应当这般，这样以道德之名绑架他人的事情经常在我们身边发生。请再回忆一下，我们身边是不是还存在另一种形式的绑架，即以理想的名义限制他人的行动自由。

这里所谓的"道德"，指的是那些未必正确，只是听起来大义凛然、难以被反驳的一些常识性思维。当今社会的问题是，这些所谓的"道德"被一些人利用了。

当灾害发生时，首先保证自身安全，看到他人遇到困难时互相帮助，这些都是毋庸置疑的行为。政客如果高喊"要自救、要互助、人与人之间的连带最重要"之类的口号，这就有问题了。如果政客都这样倡导，无论发生什么事情国家都无所作为，将责任完全推给民众承担，政府的作用就缺失了。

照顾老人是子女义不容辞的责任，养育孩子是父母必须履行的义务，这样的说法已经成为政客们的共识。政治家的责任原本是创造一个良好的社会环境，让家长能够将子女交给保育院照顾，自己安心出去工作。但是现在的日本，政客却想要将"养育孩子是妈妈的义务"作为理想的家庭模式灌输给民众，让其接受。

政客通常不会说明真实目的，而是使用某种伪装，借助那些虚伪的"道德"说辞来表达。有些人不加批判就接受了这些说辞。就像在推动战争方面，给民众灌输那些虚假的"正义"观念一样。

不要陷入"父权制"的陷阱

有一个概念叫"父权制"（paternalism）。其中pater在拉丁语中意为"父亲"。父亲会为孩子着想，给孩子提出各种意见和建议，也会干涉孩子的选择。所以有时也将其翻译为"父权主义""保护性的温情主义""监护性的干涉主义"等。这种"父权制"的思维方式,主张个人、团体、国家等主体,可以以"为了你好"为由,对他人的行为加以干涉。

在医疗领域,父权制表现为医生为患者着想,但在患者的意志与医生的意见发生冲突的时候,医生可以剥夺患者的自由决定权,或是对患者的自由做出一定程度的限制。这样的做法因为与"父权制"(民可使由之,不可使知之①)的思维方式产生关联而被认为是有问题的。与"父权制"相反的另一种方式,"知情同意原则"(医生事前进行充分说明,患者对医生的说明表示认同)在医疗领域得到了采用。

实际上,病人在听医生描述病情时,大多数情况下很难充分理解医生说的是什么。患者如果事先有所准备的话,可以在一定程度上提前查阅到疾病的相关信息。如果疾病是突如其来的话,我们就不得不在毫无准备的情况下接受医生的谈话,听医生说明病情。

这种情况下,有患者从头至尾都不明白医生在说什么,

———————————

① 【译者注】:这里使用的是"可以让百姓遵照领导者指引的道路从事,但不可以让百姓知道为什么要这样去做"。

或是因为医生的话不好理解就放弃倾听，将治疗方案全权委
托给医生了。当今的医学知识已经相当普及，通过互联网获
取医疗信息也变得相对容易，过去那种将医生的话视为绝对
权威的倾向或许已经有所弱化，但还是有人在接受医生的诊
察时不敢吱声，对医生所说的一切言听计从。

问题在于医生也会犯错误，也会出现医疗事故。无论疾
病、还是死亡都是生命中自然的过程。因此当亲人因疾病故
去的时候，我们即便无法马上接受这个现实，也终会随着时
间流逝慢慢接受的。

但是因为医疗事故失去生命就不是自然的过程了。尽管
医生已经倾尽全力治疗，但最后仍旧没能挽回生命的情况
下，家属还有可能用时间冲淡悲伤，慢慢接受这个现实。如
果是因医疗事故导致亲人逝去，就不会这样容易接受了。人
们不可能这样想：因为一切都已经托付给医生了，就算发生
了医疗事故也只能认命，不得不去接受这样的结果。

医疗事故一旦发生，也就没有必要再顾及医生怎么想
了。在过去的日本，家属在亲人做手术之前会烦恼：需不需
要给主刀医生送个红包呢？即便是那个时候，为人正直的医
生也不会收下红包，也不会不倾尽全力去治疗病人。如果因

为没有收到红包就在手术中偷工减料，导致手术没能成功的话，这位医生的声誉必定会因此一落千丈。

盲从医生的诊疗方案，完全不加思考，这种做法确实需要改变。

医疗事故是人为造成的。如果我们自己发挥主动性，不是完全被动地依赖医生的话，也有可能因此防止医疗事故的发生。

但是问题在于，对于患者和家属来说，想要理解医生说明的病情和治疗方案是十分困难的。尽管医生的说明确实不太容易理解，但一旦发生医疗事故，患者的家属就会在诉讼开庭之前以惊人的速度和能力，拼命地学习疾病和治疗方法的相关知识。有时连律师都感慨，家属如果有如此强大的精力，为什么不在手术之前发挥出来呢？如此想来，人应该在遇到不清楚、不明白的事情时打破砂锅问到底，否则可能会遗憾终生。

这不仅仅是本人或是亲属的问题，作为医疗从业者也要注意，不应该强迫患者和家属接受自己的诊疗方案，也不能模糊交代病情和治疗方案。

习惯无意义规则是很可怕的

我有很长一段时间在一所设有看护学科的高中任教。有一年，新学期开始的第一堂课，我刚走进教室就觉察到一种奇怪的氛围。这所高中的学制是五年，四年级开始学生就可以穿便服进入校园。在这所学校，四年级学生与那些刚刚高中毕业踏入大学校园的学生同岁。到了这个年龄，很少有大学生还在穿统一的服装。

那一天，我刚进教室就发现学生们全员穿着西装。我奇怪地询问原因，才知道是他们的校规变化了。

一位学生对我说："衣服穿乱了，心也就乱了。"我不认为这句话是发自那位学生内心的，至少不是学生自己想出来的。可能是某一位老师这样说，学生也就如此接受了吧。

真的衣服穿乱了，人心也会因此乱了吗？难道穿自己的衣服来学校，就是乱穿衣服吗？如果真是如此，那么多人穿自己的衣服上班，这个世界上的人们，心已经变得何等混乱了。我在想，难道学生中没有人和我一样对校规产生疑惑吗？后来了解到，也有学生对校规修改持反对意见。有同学向我抱怨，觉得穿着西服来学校会被人以为在求职面试，非常讨厌这种感觉。但学校仍旧不为所动，坚持统一着装。

问题在于，为什么校规修订要强迫学生们穿西服，学生们即便心有不甘也毫不反抗，老老实实地遵照校规。

学生被校规束缚住了。我当时每周去那个高中上一次课，每个月都能看到在学校门口有人在检查学生着装，而且学生也都默默接受检查。

每一所学校都有自己的校规，但是绝大多数校规都是没意义的。校规本来是要决定一些有必要做的事情，但是大多数校规的内容都让人看不明白，搞不清制定这些规则究竟有什么必要。包括校规在内的规则，原本是为了共同体的维持和运营而制定的，但是这样的初衷已经被忘记了。

如果全部遵照初衷制定校规，学校的生活指导就没有存在的意义了。我甚至听过诸如在走廊行走时要保持与墙壁30厘米的距离，在走廊转角转弯时要走直角，恋爱对象的成绩不能与自己的成绩年级排名相差30名以上之类的奇葩校规。

校规的制定其实另有目的，用一句话概括，就是为了支配和压迫学生。当然，并不是所有的校规都是不合理的。但是这些不合理的、不应该且没必要被遵守的校规，竟然还被很多人接受和遵守，这才是严重的问题。这些校规虽然不合理，但遵守它的学生被认为是安全的，那些胆敢反抗的学生就成了需要警惕的不安定分子。无论听话的学生还是不安定分子，长期强制他们遵从不合理的规则，会使他们习惯于这种无意义的行为。有些学生会被剥夺自主思考的能力，从而更容易被管理和控制了。

不可以默默地服从

有的学校禁止学生使用社交软件。令人惊讶的是，竟然有学生严格遵守这个规则。禁止学生使用社交软件，谁能给这样的规定一个合理的解释呢？学校能否说明规定的正当性呢？如果学生感觉没道理，无法接受的话，应该找学校问个清楚才可以。明明没能给出一个令学生信服的理由，却用什么"不允许的事情就是不允许"之类的说法强迫学生接受，这样做显然有问题。然而，相比于学校，那些敢怒不敢言，觉得既然学校禁止了就不该用社交软件的学生，他们的问题则更值得注意。

如果有合理的解释能够说明为什么不允许学生在校期间使用社交软件的话，校方应该将理由明白地告诉学生，征得学生的同意后才能实施。即使确定了社交软件的使用规则，学校也只能限制在校园中使用社交软件的行为，没有权力管理学生在校外是否使用。商家可以要求来店的顾客佩戴口罩，却无权干涉顾客回到家中戴不戴口罩。所以即便在校园里，学校如果不能给出一个合理的解释，就不能凭借所谓的"校规"逼迫学生。

有的学校虽然禁止学生带智能手机进入学校，但是并不限制带非智能手机。这难道是因为非智能手机用不了社交软件吗？也有的学校不分智能机还是非智能机，一律禁止，给出的大抵是禁止学生在上课时看手机之类的理由。但其实也有其他解决方法，比如可以让老师的课堂不要过于无聊，以至于让学生们总想看手机。

有的学校以前曾经发生过教师偷拍学生的事件。因此学校规定，教师原则上不能将智能手机带出办公室。读者们感觉到这样规定的不合理之处了吧？这样头痛医脚的做法根本解决不了问题。

有一次，我问一名学生是不是大家都在遵守学校规定，不把智能手机带到学校来。学生的回答让我的心一下就放下了：根本没有人遵守。并不是说没有人遵守校规这件事使我感觉痛快，而是面对这样不合理的规则，不去遵守的人没有什么过错，错在规则自身。不讲道理的规则，是没有理由让人们遵守的。

我上高中时，学校的生活指导要求十分严格，校规要求后面的头发要剪到用手指无法夹住的长度。但那时十分流行留长发，只有我们学校比较另类。尽管有这样的规定，并不是所有同学都接受。有同学问老师："为什么别的学校允许学生留长发，而我们必须把头发剪到这么短呢？"

老师的回答是："就像印度的和尚修行一样。虽然没叫你们把头发剃掉，但也像和尚将脑袋剃光、过着简朴的生活一样，你们也必须穿着学生制服，留着短发才能学习。头发如果长了，学习的时候也没法集中精力。"

当时的我觉得有道理，还真的接受了，现在想来都觉得惭愧。当时我上的是一所男校，不过就算学校有女生，学校恐怕也会要求她们把头发剪短吧。想来，如果有人说女生头发长会影响学习，那听起来也挺可笑的。

当初制定这些规则时可能有其背后的原因。后来慢慢地这些原因被人遗忘，最终变得机械化、僵化，甚至成为"奇怪的习俗"。正如三木清指出的那样，奇怪习俗的存在是在向世人昭示着"习俗是多么容易陷入一种decadence状态之中的"[①]。Decadence本意是颓废，但在三木这里指的是一种失去了精神本质的、形骸化的状态。

我们需要不停地追问，这些法则是否是必须遵守的。我们若是对其习以为常、麻木不仁的话，今后面对政客们提出的不合理说法和口号，也会不假思索地接受和遵从了。

本质比规则更加重要

毋庸置疑，世上也存在着理应被遵守却没有做到的规则。这些规则虽然没有被遵守，却并不意味着其存在问题。比如宪法，就是一种我们必须遵守的规则。违反宪法就如同司机刚好在禁止左转的道路左转时被警察拦下，是必然要受到惩罚的。

我高中时有一位同学，他放弃和不合理的校规作斗争，把头发剃了个精光。我当时想他可能是认同了这套校规了。实际上，剃光头并不意味着生活态度马上就发生了改变。

———————————

① 　三木清，『人生論ノート』，新潮社，1954。

进入公司工作后，不服从公司的决定在实践中是一件难以做到的事情。但是，申请下育儿假之后突然被公司要求转岗，或者刚生了孩子，刚买了新房子马上就被要求与家人分离，只身被派到外地工作，这样的命令难道也必须遵守吗？从很早开始，日本的企业就经常强加给职员一些令人难以接受的人事调动。接到调令后，职员只得按照公司的命令，奔赴下一个工作地点。我们需要认真思考一下，为了公司的方便让员工不得不撇家舍业，这样做是否真的有必要？我不认为对此退让、迁就的做法是正确的。

无法被遵守的规则是有问题的

倘若规则无法被遵守，它的存在就没有什么意义了。但是正如我们刚才看到的那样，凡是没法被人遵守的规则，与其说是那些没有遵守它的人存在问题，不如说是规则自身出了问题。

首先，在人们毫不知情的情况下制定的规则本就是无法遵守的。规则在制定的时候或是在刚制定出来时，有必要将规则的内容完整地、明白地告知相关者。在制定规则时，也不应该是由上级拍，决定后再传达给下级，而且要未雨绸缪，留有修订甚至撤回的余地。

有些规则制定出来后，也没人说得清是依据哪一条法律制定的。有时制定者甚至都不愿搬出一条法律作为根据，而是漠视现有法律，随意下达命令，怕是早把法律抛在脑后了。政客经常说：我们不能墨守成规，承袭前例。但是这个前例如果是法律的话，那就必须遵循和承袭才可以。如果法律本身存在问题，也必须通过正规的程序进行修订。能够肆意更改和修订法律的国家，无法称为法治国家。

其次，如果特权阶级可以不受规则约束的话，这样的规则也是没法被遵守的。若有人必须遵守规则，而有人却能置之不理的话，那些被强制遵守规则的人必然会反抗。

我过去曾经在一所学校当客座教师。学校规定校内禁止吸烟。有一天，恰逢有平时吸烟的宾客来访，那位客人被学校的职员引导到教师休息室，认为这里不会有学生进出，在这里吸烟也不会有什么问题。但还是让他们失望了。因为我在教师休息室，学校职员没法把我当成空气肆无忌惮地劝诱访客在我面前吸烟。

日本新冠疫情最严重的阶段，有很多人感染了病毒无法住院治疗。但有政客却能利用特权住进医院。一旦被曝光，必然会引发公愤。政府发布紧急事态宣言后，餐厅、饭店都被要求禁止售卖酒类饮料。但是日本政府却提议在东京奥运会的会场可以售卖酒类。提议一出，反对声四起，日本政府也不得不撤回这个规定。一旦规则出现了例外，曾经一丝不苟严格遵守的人当然就不会再遵守了。

最后，缺乏合理性的规则也是无法被遵守的。刚才我们已经说过，制定规则的目的在于维护共同体，但是现实中与这样的初衷无关的不合理规则实在太多了。有人甚至不去思考某项规则是否合理，就一味遵守。

即便是那些合理的、有必要去遵守的规则，明明自己管好自己就足够了，总有人非要监视周围人有没有遵守。当初新冠疫情流行的背景之下，有一种被称为"自肃警察"的人整天监视其他人的行动。如果规则是合理的，能被大家所接受的话，就不需要这样的强制监视了。

不要对那些无意义的事情习以为常

朝鲜频繁进行导弹试射（被称为飞翔物体）的那段时

期，大家经常要进行一些抱头趴在地上隐蔽身体的演练。然而，若朝鲜的导弹有朝一日真的飞到日本本土，没人知道这样抱头趴在地上能否让自己逃过一劫。大部分人应该明白，这种演练是没有任何意义的。有人认为即便没有作用，也比什么都不做强。但结局却是，训练后来销声匿迹了，虽然导弹试射照常进行，只不过没有人再为此恐慌了而已。

进行这样的训练其实另有目的，就是让大家习惯这种无意义的东西。当我们不断重复一件无意义的事情时，就会在不知不觉中对其不再感到奇怪。每天听着那群政客、官僚们的谎言，逐渐我们就会从最初的惊讶、愤怒变得习以为常，不再去深究他们说了些什么。

无论何时，我们都要不停追问自己：我们为什么必须要这样做呢？面对这个问题，我们每个人都要给出一个能使自己信服的、合理的理由。要是没道理的事情大行其道，真理反而消失不见，这样将会多么糟糕，绝对不能让这样的事态发生。

首先最重要的是要保持怀疑态度。

东日本大地震①刚发生之后没几天，东京电力公司开始施行有计划的停电。这个计划性停电让很多人联想到第二次世界大战中的灯火管制。后来才发现，当时并没有施行计划性停电的必要。想必有不少人认为核电站既然停止工作了，肯定会导致电力供应不足。事实上，当时的计划性停电并不是供电不足造成的。

在决定举办东京奥运会的时候，夏季酷热成了摆在人们面前的难题。同时，新冠疫情正在肆虐，还要考虑防护问题。大多数人都明白，在烈日酷暑之下开展体育竞技活动显然是不现实的。撑阳伞、浇凉水的方法岂能抵挡住热浪？想要用这样的方式对抗酷暑不禁令人发笑。

如果社会的总体氛围让人无法说出"这样做是没意义的"，这将会是十分可怕的。

① 【译者注】：东日本大地震，指的是当地时间2011年3月11日发生在日本东北部太平洋海域的强烈地震，震级达到矩震级Mw9.0级。

像苏格拉底一样，为了法律和正义敢于迎战危险

我们可以从电视连续剧中看到20世纪60年代日本人参加入职考试的样子。如今的求职者会穿着统一的就职西服套装参加考试，但是半个世纪前，大家都穿着自己的衣服。小型企业的老板会亲自下场参加考试，笔试的时候也不提供桌椅。我觉得今天的年轻人要是看到如此的场面，虽然会觉得奇怪但也不敢抗议吧。如果有应聘者猛烈抗议的话，应该能给老板留下深刻的印象。或许，一些人会担心因为抗议损害了自己在老板心中的形象，害怕因此不被录取，从而选择了沉默。

对政府的政策无批判地遵从是有问题的。这与爱不爱日本这个国家是两码事。当然，日本政府和日本这个国家对于民众来说也是两码事，就像苏格拉底比当时任何一个人都要更爱雅典一样，他不会无批判地接受执政者的所作所为。

公元前404年，长达27年的伯罗奔尼撒战争以雅典的投降落下帷幕。雅典也在战后建立起了出反民主派三十巨头掌控的政权。

这个新政权的后盾是斯巴达势力，是一个逮捕、处决持

不同政见者的独裁政权。这个政权将苏格拉底与其他四个雅典市民召集到一起，命令他们一起去萨拉密把一个叫列奥的无辜民众带过来交给政府。

苏格拉底是怎么做的呢？另外四个人去了萨拉密，准备把列奥带回来交给政府，但是苏格拉底拒绝了无理的命令，径直回家去了。

"（当时）我又是不用语言，而用行动表明，死这个字眼如果你们不觉得太粗俗的话，我是一点都不怕的，但是我尽力防止做任何不公正、不虔诚的事。"①

这里苏格拉底用了"又是"，是指他过去在担任评议员时，曾经参与过一次集中审判十名将军在海战中没有打捞和搭救漂浮者的案件。这样的审判自身是违法的，但是当时执行的公职人员中只有苏格拉底对非法审判提出异议，并投了反对票。他这样的行为是冒着被逮捕并处以死刑的风险做出的。

这个三十巨头政权一年之后就在民主派的武力抵抗中倒台了。苏格拉底说，如果这个政权没有如此快地倒台，自己

---

① Burnet, John ed., *Platonis Opera,* 5 vols., Oxford University Press, 1907.

可能早已死在这个政权手中了。后来，苏格拉底被判死刑关在监狱中，明明有办法逃离，但最后还是慨然赴死。我们不应该将苏格拉底误解成无条件服从一切国家命令的盲从者，他是一个为了维护正义敢于付出生命的人。今天的我们就算没有苏格拉底那样的勇气，也应该学习他那种绝不将对于当政者的绝对服从，与对祖国的忠诚混为一谈的精神。

不需要自上而下的秩序

要是问为什么那些不合理的规则仍然有存在的必要性的话，我们首先给出的理由是：通过让人们习惯那种无意义的东西，培养顺从的习惯。

其次，共同体需要建立内部秩序。但是秩序不应是一种自上而下的强制措施，仿佛只需简单地套用模板就能形成。

有时，为了让秩序得以形成，会将那些持不同意见的人排除出去。然而，这种做法并不能真正建立起秩序。政客们高呼"要统一、不要分化"的口号，但我认为这样做是有问题的。这种口号听起来貌似正确，但是有可能导致一种缺乏对非主流论调包容的现象，形成过度的从众压力。

举个例子，人们在整理书架上的书籍时，通常不根据内容，而是根据书的开本和大小排列顺序。那些主张在共同体中形成秩序的人，会认为排除非主流论调是十分必要的。这就像是收拾书架时，遇到那些大到塞不进去的书只能扔掉，即使不扔也要放到别的地方的行为一样。

用这样的方式即便把书架收拾得漂漂亮亮，也不过是看上去整齐而已，对于实际工作并无益处。与整理书架同理，有的人只是想用道德去形成外在的秩序。我并不是说秩序没有存在的必要，而是需要那种个人能够真正接受的、让人们自发遵循的秩序，若非如此，秩序是没意义的。

对于国家来说，最需要秩序的时候莫过于战争之时。让民众练习躲避导弹的行为也是为了让国民之间形成秩序而施行的。

也可以用与病魔抗争来比喻这样的行为。在伊坂幸太郎的小说 *PK* 中，登场人物就曾说出"这是为了当战争真正开始时，更容易获得国民支持而做的准备"这样的话。[1]我认为这有可能也是我们练习避难的目的。

————————

① 伊坂幸太郎，『PK』，講談社，2014。

当有强大外敌的时候，因为必须挺身对抗强敌，国民会团结一致。也可以说战争也是为了使国民团结一致而发动的。说起当时大家团结一心与病毒斗争这件事，当日本与其他国家发生战争时可能会有人站出来反对参战，但是对抗新冠疫情时，很少有人提出反对意见。

像这样的情况下，秩序就能得以形成。在形成秩序的社会中，人们期待每一个成员持有相同的信念，采取相同的行动。正因为如此，那些不与大家协调一致共同行动的人、那些不惜被他人讨厌也要坚持讲真话的人，会像苏格拉底一样被大家厌恶和憎恨吧。

不要成为不正行为的帮凶

为什么有的人会对上司的不正行为视而不见？为什么有的人会盲从领导的错误指示？

或者说，即便没有人强迫，有的人也会认为帮助领导说谎能为自己带来利益。即使上司没有明确要求，这样的人说不定也会去揣度上司的意思。

这些人听从上司的命令，揣度领导的心理，助纣为虐、为虎作伥。因为他们觉得这样做，对自己来说是"善"（获得利益）的。但是我还是想更深刻地剖析这样的事情为何发生。

有人认为，如果领导因此记住了自己，说不定日后会因此得到提拔。实际上有些人事先也得到了领导的许诺。

三木清曾说过："如果一个人掌握了一些权力，会发现没有谁是比那些信奉成功主义的人更容易驾驭得了。驾驭这些部下最为简单的方法就是向他们鼓吹，让他们相信出人头地的价值观。"[1]

三木的方法在当代依然通用。我们今天生活的时代与三木那时竟然没有一点改变。对于那些信仰"成功主义"的部下来说，上司让他看到一丝若隐若现的晋升的光芒，他们马上就变得俯首帖耳、言听计从了。

官僚们经常撒谎，这是因为他们从更高层的政客那里得到回报。

这些撒谎的人也未必不感到羞愧，但为了个人利益，他们会继续说那些连小孩子都瞒不过的谎言。这些人掂量着，

---

[1] 三木清，『人生論ノート』，新潮社，1954。

虽然说谎会短期降低自己在他人眼中的形象，但这样做将来能让自己升官的话，还是有利可图的。

即便通过说谎获得晋升，这样真的是"善"吗？如果为了晋升需要付出如此高的代价，我不禁怀疑这样的成功真的有价值吗？有些下属迫于生计不敢忤逆上司。领导也通过时不时让下属看到一丝若隐若现的晋升的光芒，或是冷落下属等方式来威胁他们顺从自己。在这样左右夹击的攻势下，下属也不得不向上司投降，不敢反抗了。

那些对于帮助上司为虎作伥还心怀愧疚、受到良心谴责的人，承受着巨大的内心折磨，极端的情况下会有人选择结束自己的生命。为了不让这样的事情发生，我们需要建立一种社会环境：当领导的指示有问题的时候，能够理解助纣为虐并非"善"的行为，在领导发出错误指令的时候能够提出不同意见。

不要屈服于从众的压力

有的人未必是因为在乎他人的目光，而是因为觉得自己如果选择不做一些事情，对于周围人来说是有好处的。这样的人在行动时不愿打破与身边人的和谐。

人们期待所有人都采取相同的行动，但是我们不应该屈服于这样的从众压力。有时从众压力是违背正义的。如果大多数人指出某件事情很奇怪，这样并不会产生从众压力。但是觉得即便某件事情是错误的也必须去遵从，还要向不遵从的人施加压力迫使其遵从，这样的做法是错误的。甚至有的人认为只要大家都在做某事，那肯定就没错。

在职场中经常能够感受到这样一种从众压力。很多人认为别人还没有下班回家的话，即便手头没有工作了也不能回家。因为有必须完成的工作，就算过了下班的时间也无法回家的情况也时有发生。然而，即使可以下班，某些人也会选择留下来，因为意识到其他人可能会在意这种行为。这里也存在着"空气"这种东西，也存在着认为这种"空气"存在的人。

明明手头的工作已经堆积如山，却又因为要费尽心思与领导沟通感情，因此耽误回家的时间的话，最终可能会导致过劳死。即使这样，为什么还是有人屈服于职场的从众压力，不相信自己的判断才是正确的呢？

如果从众的压力过于强大，就会形成某种力量：一个人出现不同的行为就会被身边人敲打和打压，甚至将其排挤出集体。《被讨厌的勇气》被改编成电视剧的时候，我很惊讶有不少人对其大加批判。电视剧的主人公是一名刑警，他总是根据自己的判断行动，不会去迎合身边的其他人。要是他认为没必要参加某个会议，就会一翘了之。他这样的做派令人反感，因为他缺乏与他人的协调性。

但是这位刑警的工作能力很强，查明和检举了不少犯人的罪行。即便协调能力强，或是说能够与领导和同事保持良好关系，一个刑警如果不能侦查和检举犯人的罪行，也难称为有能力的刑警。参加那些对于检举嫌疑人至关重要的会议是有必要的，但是工作中的大多数会议只是单纯地浪费时间而已。即使是有必要的会议，也经常过于冗长，占用过多时间。坐在那里开会的时间本可以用来做很多必要而紧急的工作。如果大家都硬着头皮去参加的话，这样的会议不开也罢。

很多人对电视剧中刑警的行为感到惊讶，但也有人羡慕他能够根据自己的信念行动。在现实生活中，即使我们不想去参加某些会议，但还是不得不去。电视剧中有一个情节，是主人公的上司对他说："我真是羡慕你啊。"一个人就算评价他人我行我素、以自我为中心，其实他自己也想这样我行我素。但想到自己只敢想却不能去做，也会让人觉得自己很失败。

放弃"给人留下好印象"的执念

不出席公司的会议，工作一做完立马回家，一个人如此行事恐怕很容易在职场中被孤立。屈服于身边人的压力，也是想要给人留下一个好印象，至少不想因为行为与其他人不同，落下一个缺乏协调性的负面评价。

"被讨厌的勇气"这个说法会给人一种踽踽独行的感觉。一个人不在意会不会被人讨厌的话，原本就不需要这种被讨厌的勇气。那些能够判断自己的言行是否能被对方理解、接受的人，至少不会用言语或是行动去故意伤害别人。如果一个人能够照顾别人的情绪，就不需要过度在意自己的言行，不用总是害怕自己的话无法被他人接受，想说的话随时能说出来。

那些在意旁人如何看待自己的人，会为了给他人留下好印象，和谁说话都摆出一副和善的样子。即便面对立场与自己相反的人，也能发誓效忠。但是这样做的话，会失去身边人的信任。

而且，这种人也无法按照自己的意愿，过自己想要的生活。虽然倾听别人的意见很重要，但最终还是要自己来决定，因为人生只属于你自己。

即便有可能失去他人的信任，甚至会失去独立的人生，一些人仍然选择迎合他人。究其原因，因为他害怕自己做出的决定一旦失败，只能自己承担全部后果。如果听从了他人的意见，即便事情发展得不顺利也可以将责任推到别人身上。

其实我们听从别人的意见也是自己做出的决定，这个责任也需要自己来承担。事后抱怨"都是因为听了你的，才会造成这么糟糕的局面"没有意义，说不定那个人自己都记不起曾经给你提过什么样的人生建议，给你做出过怎样的人生规划了。当你试图告诉他："那时你是这样对我说的啊。"到头来，你会发现只有你自己还对此念念不忘，别人早就忘到脑后去了。

听从别人的意见对自己的人生做一个重大的决定，事后没能过上预想中的人生，从而将不好的结果归咎于他人是毫无意义的。究其原因，遵从别人的意见生活的人，即便今后意识到这样的活法并不是自己的本意，之前浪费的也是自己的人生，并不是别人的人生。

违背他人期待的勇气

在工作中，不要揣度领导的喜好。有的人想要在领导面前表现，留下好印象，或是期待通过给领导办事寻求晋升机会，为此不惜代替上司做下违纪、违法的事情。结果就像我们之前说过的那样，一旦行为败露，上司会马上将所有罪责甩到下属头上，可能会说："我从未指示下属篡改文件什么的，都是他们随便揣摩、擅作主张。"

对于那些想要在领导面前表现一下，给领导留下好印象，喜欢揣测领导心思的人来说，被领导要求做不正之事也不会感到困扰。

但是，心存良知的人，如果被上司要求做违纪、违法的事情，就算只有一回接受了上司的要求，事后他们也会感到懊悔。喜欢揣度上意的人或许不会感到良心上的谴责，但被逼无奈的情况下做了不正之事，这是涉及人格尊严的问题。

话虽如此，但现实中下属想要拒绝上司的命令是一件困难的事情，拒绝可能会被针对，会感到一切变得寸步难行。

即使前路凶险，我们也不能去做不正之事。但是怎样才能不屈服于领导，不遵从他的不当指示？我们需要思考这个问题：怎样才能获得那种断然拒绝领导错误指示的勇气呢？

三木清曾说："我们的生活是建立在期待之上的。"[①]

"但有时我们还要敢于违背期待，有勇气做期待的逆行者。"

并不是每个人都为了满足他人的期待而活，下属也没必要满足上司的所有期待。下属并不是要对上司宣誓忠诚的战士。

可能那些崇尚成功主义、想要出人头地的下属们，并不会违抗上司的命令。但是心存良知的人不会对上司的不正行为视而不见，听之任之的。在当今这个时代，我们发自内心地期盼这样的人存在。

---

① 三木清，『人生論ノート』，新潮社，1954。

感情是"社会化"的产物，智力才是"主观的""人格的"东西

在工作中，上司可能以为下属不会违抗自己的命令，却没想到下属并没有按照自己的要求行动。这时，上司会运用极力安抚、巧言哄骗、威逼就范等方式迫使下属改变主意。

下属必须有敢于违背上司的期待而行动的勇气。但事与愿违，多数人甚至不敢想象自己能够违背上司的期待。

这背后有如下原因。

首先，人容易受到感情的裹挟。上司使用极力安抚、巧言哄骗、威逼就范等手段，迫使那些违背自己期待的下属改变决定时，就是在诉诸感情。下属通常无法抗拒这些感情攻势。这是为什么呢？

关于这个问题三木清给出了如下解释：

"我们通常将感情视为主观，将智力看作一种客观的东西。这样的看法是错误的，其实二者正好相反。感情在大多数情况下反而是客观的、社会化的产物，而智力才是主观

的、人格性的东西。"①

这里将感情说成是一种"客观的东西""社会化的产物",究竟是什么意思呢?

如果感情完全是主观的,属于一个人内在的一种东西的话,那么我们是无法诉诸感情或煽动感情的。我们之所以能够操控别人的感情,是因为感情是社会化的,外在于个人的东西。

多数人自己不去思考,不去判断,别人认为好,自己也随声附和、随波逐流。当自己与旁人的判断相左时,仍能够遵照初心行动的人反而是少数派。

其次,人的理智不像感情那样能够被煽动,因为理智是主观的东西,属于人格的一部分。

像这样具有人格性的内在理智的人,他们的信念是不会因感情波动而发生动摇的。就算因为告发了上司的不端行为而陷入孤立的境地也不会恐惧。因为他们清楚地知道:不端绝对不是"善",这样的行为绝不会给自己带来什么利益。

三木清曾说过:

① 三木清,『人生論ノート』,新潮社,1954。

"真正能称为主观感情的是理智。孤独并不是一种感情，而是一种属于理智的东西。"①

那些被认为是感情的，实际上是人格的、内在的东西，它们并不是感情，而是属于理智的一部分。三木在这里所提到的"孤独"也并非那种一个人孤零零的情绪。如果人们有一种独自一个人应对一切的意识的话，那么这就是他们的理智而不是感情。

不要失去个性

如今天这个时代，人们面对着强大的从众压力，因此害怕自己与身边的其他人不同。因为惧怕被孤立，很少有人选择不屈服于这样的压力。为什么会出现这样的情况呢？其原因可以归结为多数人并没有"个性"。

实际上，在求职过程中，许多年轻人在向企业推销自己的时候将自己当成了一种可以被轻易替代的"人材"，而不是具有突出才能的"人才"。很多年轻人成为维持组织运行

———————

① 三木清，『人生論ノート』，新潮社，1954。

的材料。

这是因为企业更倾向于雇用"人材"，并不想招聘那些与众不同、独一无二的员工。有的企业甚至要求员工的服装、发型、妆容整齐划一。我曾到一家旅游公司讲课，那天正好赶上这家公司进行招聘考试，走廊上有很多大学生在排队等待面试。

其中有一位学生穿的是民族服装。当时有位该公司的员工路过，看到这位学生，说道："她绝对不会通过考试的。"看来这家公司是不会聘用特立独行、表现出与其他人不同的员工的。

像这样的学生属于少数派，大多数学生还是穿着求职专用的西装参加面试。我问那些穿着西服的学生：你们为什么不穿自己喜欢的衣服来面试呢？得到的回答是：不想因与其他人产生差异而导致面试分数减少。如果因为自己的穿着特立独行，导致自己没能被录取的话，这岂不是亏大了。说一千道一万，能够被录取才是最重要的事情。像这样按部就班不敢越雷池半步的学生，即便被录取，进入工作岗位之后，也一定会关注上司如何看待自己，不敢自由地展现个性。

如果组织成员全是由这样没有个性的人组成的，那么每个成员都能够被轻易取代，已经没有使用价值的成员会直接被抛弃。

想要在这样的组织中幸存下来，甚至得到提拔的人，需要努力地遵从领导的指示，取悦领导。对于公司来说，原本那些发挥自身实力，在工作中脱颖而出的员工才是最宝贵的，公司也应该雇用这样的员工才可以。结果被录取的全是看上去不会对公司造成威胁的人，是可以被他人轻易替代的"人才"。一些企业经营者甚至认为，年轻人在大学什么都不学也无妨，等到工作之后来公司再学习就好了。

无个性是始于无批判的遵从规则

想要消灭个性的话，秩序是必不可少的。我们在前文中已经看到，在战争期间，秩序至关重要。换个角度说，就是秩序在和平时期并不是必要的。这里所谓的秩序，是指所有人表现得完全相同。

在军队，一切都是在为战争服务，对组织成员的个性和个人的幸福不那么关注。有时候甚至生命也要置之度外。在战争中，某个人牺牲后，后面的人会继续填补上去完成他的任务。

在战争发生的年代，个人幸福被抹杀，也会冒出一些将关心民众的生活之类的主张当作谬论的政客。那些信誓旦旦地标榜什么"政治的一切就是为了国民"之类的口号的政客，实际上也未必真是这样想的。

歌德曾讲过："如果不是失去自我，无论怎样的生活都称不上痛苦。如果能够保留自我，无论失去什么都在所不惜。"①

他还曾说过下面的话："只有没必要为了某种目的去支配别人或是被人支配的人，才是真正幸福、真正伟大的人"②。

在前文中我们看到，有的人认为只要自己不去做决定就可以逃避责任。然而，真正的自立意味着即使没有人强迫我们去做，我们仍然去做，因为我们相信自己有价值。

---

① Gorthe, Johann Wolfgang von. *West-östlicher Divan, Epen. Maximen und Reflexionen*, HardPress, 2018.

② Gorthe, Johann Wolfgang von. *Götz von Berlichingen*, Jazzybee Verlag, 2012.

三木清说过:"幸福是一种人格。世上最幸福的人,是那些能像潇洒地脱掉外套撇在一旁那样,能够轻松地放弃很多所谓的'幸福'的人。但真正的幸福,是他们不会舍弃,也不能舍弃的。他们的幸福与生命一样,是与自身融为一体的东西。带着这种幸福,他们与各种各样的困难进行着斗争。只有将幸福作为武器的战士,才会在被击倒时仍然是幸福的。"①

有的人认为失去自我不算什么,但是失去了伪装自己的"外套"的话,就再也活不下去了。其实,就算失去了真正的幸福以外的所有东西,只要自己还是自己,是那个谁都无法替代的自己,那么无论今后发生什么事情都能够继续战斗下去。

不要陷入犬儒主义之中

关于某种食物究竟是好吃还是难吃,究竟是辛辣还是清淡这类问题,无论人们做出什么样的判断都无所谓,并不构

---

① 三木清,『人生論ノート』,新潮社,1954。

成实质性问题。对于同一种食物，一些人觉得好吃，就会有一些人觉得难吃，争论哪种判断正确、哪种判断错误并没有什么意义。这种价值相对化的论点从古希腊开始就已经存在。智者学派的普罗泰戈拉①就曾说过："人是万物的尺度。"

不过，当讨论某种食物对健康是有益还是有害时，就不是每个人凭主观感觉就能判断的事情了。有人说"我觉得这种食品有益于健康"，这样讲其实没什么意义。即便他自己认为某种食物有益于健康，实际上这种食物可能是危害健康的。这一类问题，是无法通过主观判断确定的。

前文中，我们曾探讨过苏格拉底的悖论："世间没有谁是想要为恶的。"这个命题中使用的"恶"这个概念和它的反义词"善"并不是道德意义上的恶与善，而是利害关系层面的"无益处"和"有益处"的含义。而这样的"善"与"恶"并不能够依靠主观感觉来判断。

善也好，恶也罢，它们的标准只是不为世人所知而已，不能说绝对的善与恶是不存在的。

---

① 【译者注】：普罗泰戈拉（Protagoras，公元前490或480—前420或410年），智者派的主要代表人物。

柏拉图所倡导的哲学政治论清晰地预见到民主主义可能陷入一种虚无主义、无政府主义的危险之中。柏拉图本人也反对价值的相对化，反对虚无主义的思想。

三木清也曾如此评价："如果不想被独裁所支配，那就需要从自身内部出发克服虚无主义，摆脱不良的状态才行。然而，日本的大多数知识分子在对独裁表现出极端厌恶的同时，自己却不能摆脱出犬儒主义的状态。"①

如果陷入这种状态的话，独裁者的计划就得逞了。如果已经树立了强大、坚定的价值观，那么新的价值观是很难存活的。但是如果在一片虚无主义的土壤之上播下某种价值观，这样的新价值观则很轻易就能生根发芽。

思索绝对的真理

有的学生从小就只专注于如何应对考试。他们甚至为了学业，放弃了其他所有的事情。这样的学生即便考入了名牌大学，具备的只是那些用于应付考试的知识。如果别人给他

---

① 三木清,『人生論ノート』，新潮社，1954。

出几道问题考考他，他可能还算游刃有余；但要是让他自己提出问题并回答，恐怕就很难做到了。自己提出的问题可能并没有答案，有时我们也需要证明一些用数学无法证明的问题。就像新冠病毒一样，这是一种全新出现的、未知的病毒类型，在理解它的时候，那些已有的知识储备并不能派上用场。

无论思考任何事情都需要花费时间。但在考试中将过多的时间耗费在思考问题上，就没法在规定时间内答完所有题目。那些擅长考试技巧的学生能够考上大学，而那些花费时间慢慢思考的学生就要名落孙山了。对于擅长慢慢思考的学生来说，他们的能力是无法通过考试成绩衡量的。

奥姆真理教犯下的一系列罪行中，有很多高学历的年轻人盲从于教主，最终沦为杀人犯。当时我并不理解为什么这些高学历的年轻人会做出如此之事，现在想来，恐怕是由于这群年轻人缺乏独立思考和怀疑的能力，轻易就被拥有着强大个性的教主洗脑了吧。

世上并非没有绝对的价值存在，只不过了解这种价值并不是件容易事。阿德勒在说出"我们没有被绝对的真理眷顾"①的时候，并不是说绝对的真理不存在，而是指想要了解绝对的真理确实不是一件容易的事情。

一个人觉得自己完全正确，这样的感觉有可能是错误的。想要达到能够认为自己正确的程度，我们必须先要怀疑自己，怀疑自己是不是对这个问题一无所知。那些不认为自己已经完全了解这个问题的人，反而更加接近真理。

不仅是某些宗教团体，有些普通企业也会给员工洗脑。正像前文所提到的那样，有的企业甚至认为学生在大学期间什么也不学都没关系，公司可以从零开始一点点地教给新入职的员工如何去做。从公司的角度出发，并不想让年轻人独立思考。

凭借"有限信息"做出正确判断的能力

为了克服相对主义和虚无主义，我们不能停止思考，也不能停止怀疑。如果放弃思考、不问世事的话，我们就会对

---

① アドラー，アルフレッド，岸見一郎訳，『個人心理学講義』，アルテ，2012。

所见之物、所听之言不假思索地全盘接受。在如今这个时代，那些在社交媒体上看到的文章，如果不确认里面的信息来源是否准确就全盘相信，甚至顺便随手点赞、转发的话，错误的信息将会扩散开来。即使今后想要纠正这些错误也是极其困难的，错误的信息一旦扩散出去，就不可能遏制其继续传播。

如果自己不去认真思考，只是听到别人如此说就全盘接受的话，长此以往将会失去自主判断的能力。

然而，如果我们具备了扎实思考问题的能力，即使基于少量信息，也能做出正确的判断。当我还是个学生的时候，曾经兼职做过家庭教师。记得有一年我曾经教过一个高中生，他的英语能力虽然不怎么好，但是他在做长文阅读中"下面说法是否与原文内容一致"的判断题时特别在行。他虽然理解不了英文文章中细节部分的含义，但是能判断出这部分讲了什么样的内容，或是没有出现过什么样的内容。想要通过少量信息做出正确的判断虽然十分困难，但凭借蛛丝马迹推理出正确的结论却并非不可能。

我3岁的孙子能够全神贯注地听大人们的交谈。或许他在察言观色，能够从大人的对话中捕捉到自己听过的只言片

语，试着理解这些话的含义。令人惊讶的是，他竟然能够
八九不离十地理解大人们在说些什么。如果听不懂，他会去
问："你们在说什么呀？"成年人通常只会关注与自己相关的
话题，对于与自己无关的内容则不太会特别留意。小孩子则
不然，即使是与自己无关的内容，他们也会认真去听。这样
的经历如果反复多次，孩子的词汇量就会增加，能够理解的
内容也会越来越多了。

我们应该时刻关注身边发生的事情，对它们保持兴趣。
想要做到这一点，我们需要意识到一个问题：周围发生的事
情以各种各样的方式与我们产生关联。

从"扭曲的信息"中做出正确判断的能力

我们需要掌握的第二种能力，是能够根据扭曲了的信息
做出正确判断。加藤周一曾经上过神田盾夫教授的拉丁语讲
读课。那时的日本还笼罩在第二次世界大战的阴霾之下，大
学生每天饱受军事训练和入伍动员的袭扰，很少有人会去关
心拉丁语中的母音是长音还是短音。当时无论是东京大学校
内，还是校门口的本乡道路上，学生和行人的穿着几乎清一

色都是单调的国民服①，只有神田教授穿着在英国制作的西服出现在教室里。看到神田教授这样颇具"挑衅性"的穿着，无论谁都很难不为之侧目。但是神田教授就是穿着这样的衣服，坐火车来东京大学授课。

1944年6月，盟军从诺曼底登陆的消息传到日本的那天，神田教授在课后一边收拾个人物品，一边像是自言自语地说道："这样的话，接下来敌人和朋友都要不好受了。"

教授走到教室门前时又突然停住，把头转向学生们说："我说的敌人，当然是指德国了。"

加藤周一事后回忆说："那时我们被教授的话震惊了，一时目瞪口呆，大家面面相觑。等到回过神来，发现神田教授的身影已经消失不见了。"②

第二次世界大战时期，不仅人们获得的信息十分有限，而且得到的信息也具有偏向性和导向性。即便在这样的环境下，仍然有一些像神田教授这样的人，能够对国际形势做出准确的判断。

---

① 【译者注】：第二次世界大战期间日本男性普遍穿着的一种模仿军装形态的民用礼服。
② 加藤周一，『羊の歌』，岩波书店，1968。

保持作为生活者的实感

从下面这个事例里，我们也能看到如何根据少量的信息来做出正确的判断。

哲学家鹤见俊辅曾经引用过土岐善麿的《不想被杀掉》。

> "你可认为你们是胜者？"
> 衰老的妻子惆怅地问我。

这是因 1945 年 8 月 15 日土岐因家中发生的一件小事有感而发，并为此创作的一首诗。土岐在明治时期到大正时期一直对战争持反对态度。但到了昭和时期，他作为一位报社记者，开始对战争大力鼓吹，到处发表演说。鹤见提到，那时每天给家人做饭，打理一家伙食的土岐夫人能够从食材的匮乏察觉到现实与政府宣传的并不一样。

"战败的那天，很多男人甚至失去了吃饭的力气。再来看看那些女人们，她们一如往常，还是默默地为家人准备好了晚餐。在这无言的身影中，埋藏着的是未来和平运动的种子。"

鹤见提道："理论这种东西，并不能长期、持续地支撑反战运动，因为这些反战理论在人们的生活中并没有根基。"

土岐也曾作过下面这样的诗。

> 看着孩子们，
>
> 应征召走上战场，
>
> 只能在心中默默地祈祷战败。①

土岐经历过了孩子们三次被征召上战场的痛苦。那些在生活中有根基的人的话，对战争抱有异议，甚至唱反调也是很自然的。②

话题回到刚才的问题上，有的人能够根据限定的信息做出正确的判断。如果每天都要准备全家的吃喝，就会发现食材越来越难入手的事实，及其与战争进展状况之间的关联。即便不了解具体情况，也应该能察觉出日本政府报道中的虚伪，以及战局的每况愈下。

---

① 出处为土岐善麿的诗歌集《夏草》。

② 【编者著】：土岐善麿在明治和大正时期反对战争，但在昭和时期为战争辩护，后来又转而反战。

作为受动的当事者去思考

接下来，我们不从"我"这个施动者一方，而是从受动者一方的立场思考。

有些人无论思考什么事情，总是像评论员那样把自己放在一个安全圈之中。消费税率上调之后，这些人明明应该知道生活会变得更加艰难，却仍然说"这也是没办法的事情"。那些无须亲自打理日常衣食住行的政客们，站在超市门口说："好像也没有严重的混乱发生啊。"

一些评论员会说："消费税税率提升了也是没有办法的事情啊。我们还是要尽可能配合政府的决定。既然被选为陪审员①，当然是即便请事假也要出席的啦。特定秘密保护法②可以保护国家的安全，即便存在一些瑕疵也是正常的，我们

---

① 【译者注】：陪审员（裁判员）：根据2004年5月21日日本制定的《裁判员参与刑事裁判的法律》规定，审理法定合议案件中的重大案件时，需要有不超过10名民众，作为陪审员（裁判员）参与案件审理，以反映国民感情。

② 【译者注】：特定秘密保护法：日本于2014年12月实施的法律。颁布后，日本各界担忧该法的实施可能侵犯公众知情权和新闻自由，批判声音不断。

还是要尽力配合。"

这样的言论表明，这些人没有从生活者的立场上看待事物。即使在面对发生在自己身上的事情时，也像对待与己无关的事情时一样隔岸观火，如同电视上的新闻评论员那样对这些事情加以分析、点评。听了这样的分析和点评，我们仍然不知道该如何去处理那些落在自己身上的麻烦。

我们无论如何都不能容忍某些政客将国民缴纳的税金挪用于私事。那些评论员们，恐怕也不会关心自己缴纳的税金究竟用到哪里去了。这些人应该没法像政客一样，衣食住行全部由手下代为打理吧。如果不是生活者，恐怕无法切身地感受到消费税上调会给生活造成多么大的影响。

对于任何事情都站在客观的角度思考，这样的态度虽然是必要的，但客观看待与隔岸观火是完全不同的。为了做出正确的判断，我们必须从生活者的视角思考才行。

将自己置身事外的人，是无法作为当事者思考的。他们并不会从饱受消费税上调之痛的当事者的视角思考，而是把自己想象成政客，从政客的立场看待和思考眼前发生的一切。

这样的人生活在战争时期，可能会为孩子们被征召入伍身赴前线而欣喜吧。这些人中，有的可能是因为获得名誉而感到喜悦，有的只是在别人面前表现出高兴的样子而已。但对于那些目送孩子奔赴战争前线的父母来说，是不会因此感到高兴的，一定日夜盼望着孩子能够平平安安回来。

处于施动者立场上的人，并不会思考战争会造成多少生命的逝去。这里用"施动"这个词可能会给读者造成一些误解，这里是指那些发动战争的政客和军官。这些人是不会亲自踏上战场的。

日本的核电站也是一样，一个人如果不是站在政客的立场上，而是从生活者的立场出发看待这个问题，恐怕就不会坚持什么"核电站对于经济发展是必不可少的"之类的论调了。一个只重视经济利益的社会，肯定会认为有必要牺牲一些弱者或特定地区民众的利益来保全大局。这就是将自己置身于安全圈之中，考虑着究竟优先考虑谁的生活，优先保全谁的生命这样的事情。

应对新冠疫情时也是同样，那些认为经济必须运行起来的人就是在从施动者的角度思考问题。这样的人，会为了实现经济的运转而牺牲一些人的生命，当然，列入牺牲者名单的肯定不包括自己。

没有事情是与自己无关的

因此，我们必须对眼前发生的事情保持关注，不能视之为与自己毫无关系。

身边人的问题和麻烦也会立刻影响到我们。例如，邻居家狗的狂吠声会吵得自己不得安宁。然而，当谈到政治的时候，很多人会觉得与自己无关，至少是没有直接的关系，因此对政治毫不关心。选举开始时，这些人也会想着自己投不投这一票也不会对选举结果造成多大的影响，因此干脆选择不去投票。

这些貌似不会直接影响到自己（只是貌似如此，但未必真的如此），就算看起来与自己没什么关系，实际上并非如此。这个世界上发生的任何事情都不可能与我们毫无关系，尤其是那些不可理喻的事情更是如此。阿德勒曾指出："诚然，这个世界上存在罪恶、困难、偏见。但是这个世界终归是我们自己的，这个世界的优点也罢，缺点也罢，也都是我们自己的东西。"①

阿德勒在这里提到了罪恶、困难、偏见这些事物，指出它们并非是不存在的。这些事物不仅是存在的，而且是我们人类自己的产物。

"即使远在地球另一半球的某个地方，某个孩子如果被打了，我们也要去指责施暴者。这个世界上没有一件事情与我们无关。我总是在思考怎样才能让这个世界发生改变。"②

有很多事情我们绝对不能袖手旁观。Interest这个英文单词就是由inter（在中间）+est组成。这表示无论何事，都与我们息息相关，将其视为自身事务，这就是关心的真谛。

《维摩经》中有一幕，是说释迦牟尼的弟子文殊菩萨去探访病中的维摩。当被问到疾病因何而生的时候，维摩如是答道："以一切众生病，是故我病。"③

维摩做不到任凭众生遭受苦难，而自己独享幸福。

将他人的苦难视为与自己有关还是毫不相关，两者之间

---

① アドラー，アルフレッド，岸見一郎訳，『人生の意味の心理学』，アルテ，2010。

② Bottome, Phyllis. *Alfred Adler: A Portrait from Life*, Vamguard Press, 1957.

③ 長尾雅人訳注，『維摩経』，中央公論社，1983。

存在着巨大的差异。

穿他人的鞋子（in one's shoes）

我们可以认为世上没有与自己毫无关系的事情。凡是发生了的事情都与自己存在某种关联。我们如何做才能不把身边发生的事情视为别人瓦上之霜，将自身作为当事者来思考呢？

首先，我们必须知道他人的想法和感受与我们并不是完全相同的。所以，我们不应假设自己一定能够理解他人。有些人深信对方的想法一定与自己完全一致，和这样的人交往将是一件十分危险的事情。因为这样的人很难意识到自己的错误。

也有一些事情是我们无法回避、不得不去完成的。至于对方的所思所想、感受如何，我们恐怕未必都能够理解。我们必须知道，自己看待事物的方式、感受世界的方式，以及各种观点、见解都不是唯一正确、绝对正确的。

其次，我们还要学会同对方共情，站在对方的立场上，设身处地从对方的角度思考问题。听了对方的话之后我们可以大概理解对方的意思，但是站在对方的立场上思考绝不是一件容易做到的事情。阿德勒讲过："用对方的眼睛去看，用对方的耳朵去听，用对方的心去感受。"①虽然，我们只能用自己的眼睛去看，从对方的视角观察事物，从物理层面上来说是不可能的，听也是同样的道理。阿德勒之所以如此表达出这个道理，主要是想告诉我们：用自己的眼睛去看，即从自己的立场出发去看他人的话，多半是会出错的。

阿德勒还用了"等而视之"这个说法。努力将自己摆在对方的立场上，将自己想象为对方，我们就能够距离完全理解对方更近了一步。

阿德勒举过一个例子，当你看到擦玻璃的人将要踏空掉下去的时候，自己可能也会产生一种代入感，一种亲临险境的感觉。在听别人说话时，如果不能设身处地站在对方的立场上，是无法理解对方话中的真意的。而且，在众多观众面前发表演讲的人，在讲话中途突然无法推进、遇到障碍的时

---

① アドラー，アルフレッド，岸見一郎訳，『個人心理学講義』，アルテ，2012。

候，在场的观众也会感到一种如同自己在台上的尴尬感①。

英语中有一个常用短语，叫做in one's shoes，字面意思是"穿某人的鞋子"，实际含义为"站在别人的立场看问题"。

近几年日本经常遭受台风的袭扰，人们经常不得不外出避难。然而经常出现无家可归的流浪者被避难所拒之门外的事件。美佳子·布雷迪②说她的儿子得知这一情况后，表示"我试着站在这些驱逐流浪汉的工作人员的立场上思考这个问题"③。

说不定那些避难所的工作人员因为想象到在其他避难所或收容机构工作的人也一定不想收留这些无家可归的人，才做出了驱逐这些流浪者的决定。如果避难所收容了流浪者，一定会有同样在此避难的人提出反对。但并不是每个人都会这样想，应该也有持赞成意见的人在。那些驱逐流浪者的人，他们之所以不想收留这些无家可归的人，是因为对社会

①　アドラー，アルフレッド，岸見一郎訳，『教育困難な子どもたち』，アルテ，2009。

②　【译者注】：美佳子·布雷迪（1964—），旅英日本小说家、专栏作家。

③　杂志报道ブレイディみかこ，岸見一郎，"日本和英国之间惊人的教育差距造就了'非现实书籍大奖'的获奖书籍"《钻石杂志（网络版）》2019年11月27日。

的信任没有建立起来。

工作人员只是"穿上了"其他避难者和在避难所工作人员的"鞋子"，却并没有"穿上"流浪者的"鞋子"。其实，将自己想象成一个在暴雨中露宿街头的流浪汉，从他们的立场上想象会遭遇怎样的困难，对于每个人来说绝不是一件困难的事情。

然而，对于社会缺乏信任的避难所工作人员，可能未能准确地理解避难所中大多数避难者实际上是怎样想的。

不能将一切交由他人做主

如果能够站在对方的立场上与其共情，我们就不会对世界上发生的各种事情毫不关心、从不过问了。

然而，有一股力量在阻止我们产生这样的关心。有的政客会在竞选海报上写"一切都交给我吧"。有些人恐怕看到这样的口号就迫不及待要将政治选择托付给这些政客了。但是，没有什么事情是能够随便托付给他人的。就拿新冠疫情为例，如果将防疫的各项工作交给政客的话，很多人马上就能体会到政客的错误给他们的生命造成了多么大的威胁。当然，这并不意味着政府就可以毫无作为。一些政客主张的自救、互助，它们的必要性是经不起推敲的。只有公共救助这一种形式的话，力量过于单薄，是无法依赖的，所以我们只能依靠自己的判断，自己保护自己的生命了。

我们需要尊重专家的意见，但也不应该将所有事情都交给专家，让他们代替我们思考。在之前的章节中，我分析了"父权制"这个问题。举个医疗领域的例子，如果我们不去咨询专家，就无法了解自身的疾病和治疗方针。尽管如此，如果只是医生告诉我们这样做我们就遵照执行的话，这样的行为方式也是有问题的。

里尔克①在小说中曾讲过这样一个故事。

有一位农夫，凭借自己一个人的力量修建了一座教堂。当他刚将屋顶的木结构安装好，准备往上铺设薄木板的时候，不得不一趟又一趟地从教堂的顶上下来，从地上堆积的木板中拿起一块，用自己的长袍卷起，再登上梯子运到房顶。因为一次只运输一块木板，农夫需要不断地爬上爬下。

他奇怪的行为被伊凡皇帝看到了。皇帝十分烦躁，冲他

---

① 里尔克（Rainer Maria Rilke, 1875—1926），奥地利诗人兼作家。

吼道:"愚蠢的人! 你一次多背几块木板爬上屋顶不是更好吗? 那样能少费很多工夫,节省很多时间,不是吗?"

农夫正在从梯子上往下爬,回答道:"做事要按照我的方式来。每个人都对自己从事的工作理解最深,最懂得应该如何去做。"①

从农夫淡定的回答之中,我突然感悟到故事中的这种场景,在我们今天的生活中也能够看到。

"每个人都最懂得如何去做自己的工作。(Jeder versteht sein Handwerk am besten②)"日语中也有类似的说法:"餅は餅屋(做饼还需做饼人)",表示术业有专攻的意思。

曾经有一位汽车制造业的技术人员对我说:"没有哪个家伙比我们更了解汽车。"

从他的话中,我能够感受一种对汽车的一切了然于胸的自豪感。不仅是汽车,各种东西、各种工作都有自己领域的专家,拥有着外行人难以望其项背的知识和经验。

用今天的话说,农夫(专家)一块块地将木板运到屋顶

---

① Rilke, Rainer Maria. *Geschichten vom liben Gott*, Alica Editions, 2019.
② 此处为德语。

应该是有自己的理由的。然而，认为效率更重要的伊凡皇帝无法理解农夫的工作方式。这样，皇帝就成了在专家的领域班门弄斧了。

应该将研究/学术和国家利益隔绝开

在今天的日本，经常能看到政客在专业领域里指手画脚，对于只有专家才能做出判断的问题发表意见。关于如何应对新冠疫情，如何防止疫情传播，这个问题本来只有专家才能做出判断，但实际并非如此。在福岛核电站泄漏事故中，也常有政客越俎代庖，代替专家做出判断。即使是专家提出的建议，政客们也只采纳那些利于自己的建议，无视那些与政府意见不同的提案。然而，并不是专家的每一条意见、每一句发言都是绝对正确的。即便我们没有专业知识的储备，也能够运用逻辑思维能力思考，发现专家发言中存在的谬误。所以，即便是专家给出的意见，也不应不加批判照单全收。但也不能无视专家的意见，如果政客无视专家的意见独断专行的话，民众的生命都将受到威胁。

从古至今，学术自由遭受政治侵扰的案例数不胜数。事实上，如今的学术自由更加岌岌可危，那些反对国家政策的学者往往会遭到排斥和孤立。

尽管日本政府拿出丰厚的研究经费资助学术研究，但并非所有资金都投入到国家所认为十分必要的领域。如果因为从国家领取研究费，导致自己的学术自由遭到损害的话，学者就不应该再接受来自国家的科研经费的资助了。

三浦紫苑[1]在小说《编舟记》里描写了一部虚构的日语辞典《大渡海》的编纂过程。[2]小说中讲道，在日本，并没有哪部辞典是由日本官方主导的。日本也没有一本旨在统一和支配语言这种作为民族身份认同的重要元素，如同《牛津英语大辞典》《康熙字典》那样赌上一国的威信而编纂的辞典。

《言海》是大槻文彦倾尽毕生心力由个人编纂，而后自费出版的辞典。今天的日语辞典也是由出版社组织编写的。在《编舟记》中，松本老师作为《大渡海》的编纂者，在资金匮乏的情况下也没有依靠国家，而是借助出版社和个人的

---

[1] 【编者注】：三浦紫苑（1976年9月23日— ），日本作家，著有《秘密的花园》《强风吹拂》《编舟记》等作品。

[2] 三浦しをん，『舟を編む』，光文社，2011。

力量编写辞典，并为此感到自豪。

"语言，以及编织出语言的心灵，都与权威和权力完全无缘，是自由的。"

1943年，研究希腊哲学的大师田中美知太郎，在岩波书店昏暗的走廊上，手捧着自己将要在《思想》杂志上刊载的论文《观念》的校稿，边看边陷入迷茫。

田中在这篇论文中主张世间万物都不能被看作一种"观念"，我们必须区分什么是现实，什么是观念。与此相关，田中在论文中批判了将君主作为神明看待的观点。要不要将这样的说法从论文中删去呢？田中一遍又一遍地精读论文，反复修改，最终还是觉得即使会因言获罪，还是应该保留这些内容。他下定决心，将最初的版本交给杂志社编辑部。

对于这段往事，田中是如此描述的："现在想来，那么难懂的论文应该是不会直接被内容审查者发现，被他们责难的。但在当时那样精神紧张的氛围之中，那样的言论被其他人举报也不会令人感到意外。"[1]

我在许多书中曾经引用过田中的这篇论文。如果真的能

---

[1] 田中美知太郎，『時代と私』，文藝春秋，1984。

有人像田中所恐惧的那样，能够从他的论文中读出对天皇大不敬的动机，那么这位审查员应该对这个领域有着相当程度的理解，且通晓希腊哲学。

两年前，田中的论文《萨狄斯的陷落》一文遭到了审查，出版社在自我审查中提出："从言辞中好像能读出一种讽刺日美战争中日本军队取得的战功的味道"，因而决定放弃刊载田中的论文。[①]这就是那个时代的特色。

如今也是一样。日本学术会议在驳回成员任命时给出的理由就体现出相同的逻辑。只需用"一些无法说明的理由"这样的说辞就能驳回日本学术会议成员的任命，论文或是著作被审查者盯上的时候，即便拿不出什么禁得起推敲的理由来说明，只要禁止出版就可以达到目的了。当遭遇这样的情况，我们会不知如何应对，不得不在这样的事态变严重之前向官方妥协。

政府介入学术、弹压舆论这样的事情固然恐怖，如果像田中当时所顾虑的那样，出现告密者则更加令人不安。这样的情况在我们今天这个时代仍然会发生。如果没有人给出一

---

① 田中美知太郎，『時代と私』，文藝春秋，1984。

个明确的标准告诉我们学术的禁区在哪里（当然，这样的禁区绝对不应存在的），就会导致人们陷入疑神疑鬼、猜忌不断的环境中。

存在职业的政客吗？

另一方面，从政也是一门需要专业技能的职业，普通人理应无法轻易进入这个领域。柏拉图提出，政治是一项专业技术，与其他技术一样需要专业化的知识。想要成为一名政客必须具备这样专业化的知识。但是从柏拉图生活的时代开始，政客就已经被大众视为一种不需要特殊的专业知识，谁都可以从事的职业了。

今天，世袭议员被视为一种社会问题，而议员需要具备的专业知识能依靠"世袭"获得吗？犹太教的祭司是世袭制的。祭司被要求具备的更多是宗教资质而不是知识，但这样的宗教资质无法靠世袭来获得。有的评论家认为世袭议员也没什么不好，但是他们给出的理由却十分可笑。世袭议员因为有世世代代继承的地盘，不需要每周末回自己的选区，也不用担心会在议员选举中败北。因此，世袭议员身在东京就可以完成各种政治活动。成为政客所必要的条件并不是金钱之类的东西，而是地缘和血缘。

古罗马的马可·奥勒留皇帝颇具才干，被称为贤帝，但他一生中犯过的最大错误就是将皇位传承给了自己的儿子。我能想象到奥勒留皇帝为人父时的心情，自己明明有子嗣，为何还要将皇位让给其他人的孩子呢？如果自己的孩子有才干的话，是否就应该将自己的地位传袭给孩子，这个问题其实并不容易回答。

柏拉图在《理想国》中借苏格拉底之口讲述了哲人王的政治观点。他提出只有政治家学习哲学，或是哲学家从事政治，不然国家的不幸无法得到终止。柏拉图认为民主主义国家将会堕落到愚民暴政的境地，极端的自由会孕育出最极端、野蛮的状态。他正是因为目睹了那样的极端状态，才得出了哲人王的政治理论。

民主主义的优点在于政治并非由专家独占，无论是谁都可以发表政治观点，然而，柏拉图害怕出现的结果可能会不断地重演。在今天，问题并不在于谁都能够像专家一样谈论政治，而是很多政客不具备专业能力。至少，能够清楚地认识到自己身为政客却并不具备足够的专业知识，总要比自我感觉良好、认为自己对于政治领域全知全懂要好。如果后者成为主流，将是一个重大的问题。

然而，事与愿违，貌似有很多人都赞成这样的观点：即便对政治一窍不通的外行人也完全可以从政。比如新上任的内阁大臣对于自己执掌部门所必需的专业知识竟然一无所知，甚至不会为自己的无知感到羞愧，仿佛从内心深处就认为从政不需要任何专业知识一样。国家的政治不应该交给那些只会朗读下属写好的稿子，除此以外毫无所能的政客手里。

我认为无论是谁都可以立志成为政治家，但是对政治相关的专业知识一无所知是不可以从政的。对于政客来说，可能是觉得那些具体的事务工作可以交给公务员去处理的缘故，自己对于掌管的事务一无所知，在国会答辩时说的话也是驴唇不对马嘴。这样看来，不能将政治委托给政客替我们处理，这是摆在我们面前的现实。

专家和政客都会犯错。并不是只有某个领域的专家才能对这个领域的事务发表评论，这样的想法是很奇怪的。比如，像传染病这种事务，如果没有相关专业的知识的话，很多事情确实难以理解。然而，对于专家发言或是政客的提案，我们可以通过理性思考来判断是否正确，并对其发表意见。

这个问题与我们在前述章节中分析过的父权制问题一样。医生单方面地为患者决定治疗方针，不容患者有丝毫置喙，这种情况也是不可接受的。身体毕竟是自己的，还是应该在能力范围内调查一下疾病的相关信息。医生的说明中如果有自己无法理解的，或是不能接受的部分必须提出疑问。

即便政客们不提出"自救""互助"之类的口号，我们也只能依靠自己来保护自己。前文中提出过，虽然政客提出的"自救""互助"口号本身是错误的，但我们不能说是因为把一切都委托给政客了，才遭到如此不幸。

不要卷入政治支配权斗争的闹剧之中

关于政客身上的问题，还有一点我想提出来。

"那些作为支配者的人越是较少积极地争取权力，国家往往越好。内部斗争越少的国家，其治理状态越优良。"[1]

在现实中，我们难以想象会有政客不去积极地谋求支配者的位置。我们在上一节已经看到，柏拉图认为只有政治家

---

[1] Burnet, John ed., *Platonis Opera,* 5 vols., Oxford University Press, 1907.

学习哲学，或是哲学家从事政治，国家的不幸才能得到终止。在柏拉图理想的国家中，哲学家理解了真理，知晓哲学中最幸福的事情是什么。因此对于哲学家来说，成为政客是一种"不得不接受的强制力量"导致的结果。

"但是，那些自身缺乏善的人、贪心的人由于想要夺取善的东西而担任公职的话，这样的国家就不可能成为政治环境良好的国家。在这样的国家中，支配地位成了斗争的标的，像这样的内部冲突不仅会将自身引向灭亡，甚至会殃及其他国家，导致国破家亡。"①

但遗憾的是，柏拉图指出上述的状况在"现在多数国家"之中是现实。藤泽令夫说道："是的，两千年后这样的状况也是我们'现在'面对的实情。"②

当新冠疫情肆虐之时，一些政客仍然贪图、攫取利益。民众恐惧疫情持续扩散、政府仍旧要求"自我约束"的时期，有些政客还是将一些本没有必要审议的法案通过、施行。像这样只关心个人利害得失的"贪心"政客，绝对不能

---

① Burnet, John ed., *Platonis Opera, 5 vols.*, Oxford University Press, 1907.
② 藤沢令夫，『プラトンの哲学』，岩波書店，1998。

让他们掌握这个国家的命运和走向。

沉默不言相当于接受

有时我们虽然觉得当今世上发生的很多事情匪夷所思，却又无法表达我们的看法。我一直在思考，这样的情况下我们应该如何是好。

福岛核电站泄漏事故发生后不久，有一种声音出现了：东京电力上上下下都在努力，我们要对他们表示感谢，不要对他们发牢骚，我们必须相信日本政府。

时过境迁，当新冠疫情肆虐的时候，这样的声音再次出现。又有人说不要批判日本政府，日本国民必须团结一致，才能战胜病毒。

如果全体日本人只是因为政府要求而被迫团结起来，那建立起来的团结也只是虚假的团结。

个人与个人之间建立起来的团结之中，必要时也应该指出对方的错误，明确地表达出自己的主张和观点才可以。有人会觉得指出对方的错误可能会损伤对方的感情，但是将想说的话憋在心里，虽然可能不会损害表面上的人际关系，但是这样的团结不能称为真正的团结。

当不正之事发生了，我们不能听之任之。对不可理喻的事，也绝不能默默接受。对于眼前发生的事情闭口不言，就等同于接受这件事情的发生。

职场中也是一样。借用三木清的话说，如果一个人被社会化了的情感所支配，那么想让他告发其他人的不端行为是很困难的。

即便领导的言行难以接受，即使自己的同事中大部分人也都与自己有同样的感受，如果职场中充斥着忌惮告发领导的"空气"，自己就会噤若寒蝉。我们已经分析过，"空气"这种东西是人为制造出来的。

当我们向政客或领导提出改善的请求，却没有得到回应，一切还是同过去一样的话，我们就会陷入一种无力改变现状的失望，甚至绝望的状态之中。这样的结果正是政客希望达到的。对于政客来说，民众一言不发、唯唯诺诺地顺从就是理想的状态。但是，对眼前的事情闭口不谈，实际上就是对于现状的肯定。

第 四 章

不要忘记

愤怒

不要抑制你的愤怒

这本书读到现在你应该已经知道：我们不能保持沉默、毫无作为。

当你感到不能再这样沉默下去，一定要做些什么才可以的时候，内心涌现的感情就是"愤怒"。

但是，这样的愤怒并非个人的愤怒，即"私愤"。多年来，我一直在书中或是演讲中告诫大家："不要愤怒。"但是有很多人错误地将我的话理解为：无论发生什么事情都不可以感到愤怒，将眼前发生的一切事情一一接受。

身边发生的很多问题，我们并不能因没有解决办法，而放任其发生和发展。

进行心理咨询的人在诉说发生在自己身上的事情，表现出愤怒的时候，有的心理咨询师会建议他调整心情，不要发怒。将这种建议视作解决问题的工具。

例如，学生因为老师对他的回应方式不妥而感到愤怒时，心理咨询师会试图让学生发自内心接受"没必要生气"

这样的想法。

从学校的立场出发，学校为了不让事态激化，当看到心理咨询师给学生做出上述的咨询建议时，会感到再满意不过了。当然，心理咨询师并不是和学校串通一气而刻意偏袒，而是并没有将学生的愤怒认为是学校的应对方法不当引起的，只是学生的个人心理问题而已。因此，心理咨询师也不会站在学生一方，与学校一方对立。

心理咨询师将自己的角色理解成心理问题的救火队员，就算与学校方面毫无利害关系，也会充当解决学校问题的角色。

但是，心理咨询师的目的并不在于抑制愤怒情绪。有些人确实会因为接受心理咨询师的建议，在面对不公正待遇时，能够抑制自己的情绪，不被愤怒所左右，从而解决了自己的心理问题。

不满领导或者老师对待自己的方式，并因此患上了心理疾病的人，他们必须做的并不是抑制自己的愤怒，而是检视领导、老师对自己的应对方法是否合适，并改善他们的应对方式。

原来的问题不解决，同样的问题还会反复发生

最重要的是保持上游的清澈。河流上游如果不够清澈，无论怎样清理下游的河水，污物总会源源不断地从上游流下来。感情也是同样，一个人不满或愤怒的感情无论得到怎样的抑制，上游的问题一天没有得到解决，那些引发你愤怒的问题还会反复发生。

英语的Casino在汉语中写作"赌场"这两个字，含义就是字面意义："进行赌博活动的场所。"如果一边奖励赌博活动，一边治疗赌博上瘾的话，这样的行为就显得十分怪异了。上游被污染了，下游的清扫工作就无论如何也做不完。

有的时候问题并不能完全解决。比如某些死亡是无法避免的，无论怎样哀叹也无法让死去的人复生。尽管如此，我们在前文中反复说到，问题并不在于死亡自身，而是围绕死亡产生的一系列人为的问题，这部分还存在着可以改善的空间。当医疗事故发生时，尽管对患者和患者家属来说一切已经变得无法挽回，但为了让同样的问题不会再次发生，我们能做的事情应该还有很多。

心理咨询师该做的是帮助来访者更加明确地认识到自己的愤怒是正当的，而不是抑制自己的愤怒。但是，为了解决眼下发生的问题，还需要处理好来访者感受到的愤怒，以及这种情绪与问题解决之间的关系。

愤怒的区别

当某些事情发生时，我们如果感到事情不合理，是不应该沉默不语的。然而当我们不再沉默，必须要做些什么的时候，仅凭着私愤是没法解决问题的。

我们需要"私愤"，更需要"公愤"才能解决问题。个人冲动性的、情绪性的愤怒是没有益处的，我们必须参照着社会公认的正义准则，大声主张：错误的事情就是错误的。一个人如果拥有这种感情，且认为自己必须这样做，其所具有的情绪就是"公愤"。

私愤在人际关系之中是不应存在的东西。我们先来思考一下"私愤"是怎样的一种感情，以及应该怎样处理这种情绪。

当我还是一个小学生时，有一天坐在教室里，一位同学突然过来对我拳打脚踢。当时发生了什么事情，我已经想不起来了，但记得当时我十分愤怒，想要挥拳回击，但最终并没有这样做，事情就这样结束了。这是我第一次，也是最后一次对其他人想要使用暴力。那天的暴力虽然未发生，但事后我还是为自己当天的行为感到十分羞愧。

毫无缘由被别人殴打这件事，我不应该容忍这种行为，不应该忍气吞声。但我们也要思考：当你遭到殴打之后挥舞拳头反击回去，这样做真的合适吗？装作一切事情没有发生，接受了"愤怒是没有必要的"这样的说辞，问题并没有得到根本解决。即使是听从了心理咨询师的建议，想着"忍下就可以了"，将这件事放下后，当遇到其他问题时，也只能继续忍气吞声。

愤怒带来的胜利并不能解决问题

愤怒是为了达到某种目的而产生的情绪。换言之，并不是愤怒在驱使人做什么，而是人们使用愤怒这种感情来实现某些目的。恐怕有人会说自己是"不知不觉间，'噌'的一下突然暴怒"的，这样说的人只是不承认愤怒是自己创造出来的而已。有人说斥责别人和感到愤怒是两回事，实际上，那只是他在斥责他人时以为自己没有变得情绪化而已，实际上他内心还是感到了愤怒。不想承认自己变得情绪化的人，当愤怒被引爆出来时，实际上他的感情是能被克制的，说自己"不知不觉间，'噌'的一下突然暴怒"只是为了让自己看起来像一个好人而已。

那些大声表达自己愤怒的人，他们的目的是让身边的人遵照自己的意愿来行动。这样的愤怒存在一个问题，就是虽然可以让问题得到暂时性的解决，却无法得到有效、彻底的解决。感受到愤怒的一方可能会因为想要结束令人恐惧的气氛，暂时停止了先前的行为或态度，但是将来还是会再犯。如果愤怒能够作为解决问题的有效手段，那么感受到怒火的人理应今后不会再做同样的事情了。

然而，事与愿违，愤怒结束后对方往往会重复之前的言行。事实上，除非是小孩子的话，否则人们应该会明白自己为什么被斥责。而且，遭受斥责这种方式可能是为了引起别人的关注。在这种情况下，尽管问题看似得到了一时的解决，但同样的事情还会发生。

如果认为自己是正确的，即使没有发生情绪化的冲突，与对手之间的权力斗争也会就此引发。权力之争一旦发生，问题的解决会变得更加困难。

事态发展到权力斗争的局面，问题的解决就变得不重要了，唯一重要的是让对方承认自己是正确的。阿德勒曾说过："如果没有敌人就没有愤怒。愤怒的唯一目标就是获得胜利。用如此大的阵仗强行实现自己的目的，在我们的文化中是一种受到欢迎的，而且可行的方法。如果这种方法不能帮助人们强硬地推行自己的想法，那这个世上突然爆发的愤怒将会减少很多。"①

强行让别人接受自己的观点，并最终获得胜利，这与解决问题完全是两码事。为了战胜对手而使用愤怒的情绪，这样的做法在我们今天这个时代仍然十分受欢迎。虽然愤怒可能会带来胜利，却与问题的解决毫不相关。

如果我们以解决问题为目标，向对方用语言表达我们为了解决问题应该做些什么的话，愤怒这种感情就变得没有必要了。对那些以解决问题为目标的人来说，一旦清楚地认识

---

① アドラー，アルフレッド，岸見一郎訳，『性格の心理学』，アルテ，2009。

到自己犯了错误，理应会诚实地承认事实，承认自己的错误，而不会觉得自己成了失败者。

当愤怒情绪出现时，人际关系就变成了纵向结构。愤怒情绪旨在让自己高于对方，对方低于自己，从而明确地建立起上下级关系。因此，即便对方所说是正确的，如果自己认同了就相当于在对抗中输了一样。

即便通过愤怒的情绪，让周围人看上去好像都服从自己的意见，这些人也并不是发自内心地接受，而是在悄悄地等待着反抗的机会。

愤怒是拉开人与人之间距离的劣等感

愤怒存在着以下两个问题。

第一，愤怒的感情自身是一种劣等感。

（这种劣等感是指）"放弃寻找愤怒以外其他能够强行实现自己目的的方法，更确切地说，这种人已经不相信有其他可能性存在的人，他们有一种被强化了的倾向。"[1]

———————

[1]　アドラー，アルフレッド，岸見一郎訳，『性格の心理学』，アルテ，2009。

像这样的人，根本不知道其他方法的存在。他们觉得用语言说明无法像愤怒那样即时起效。他们也不想花费时间，也不具备相应的逻辑解决问题，这就是劣等感。有些人为了掩饰这种劣等感而选择发怒。

然而事实与阿德勒所说的并不相同，除了愤怒以外，并不存在能够将自己的意志强力推行的手段。即便不使用愤怒的方式，将自己的意志强加给他人这种做法本来就是错误的。

其次，愤怒是一种"将人与人之间距离拉开的情绪"①。一旦发怒，就会导致人际关系中的心理距离扩大。

愤怒为什么只具有即时有效性，却不具有长期的有效性？究其原因，是由于被训斥的人不会对训斥自己的人产生亲近感。

对待孩子的时候，父母的错误在于明明孩子需要从父母这里获得援助，却因为斥责让亲子之间的心理距离变远了。亲子之间心理上的距离一旦疏远，孩子将会对父母的话充耳不闻，即使父母说的是正确的道理也会左耳进右耳出。

孩子学习成绩不理想的话，只能用自己的努力来解决。

———————————

① アドラー，アルフレッド，岸見一郎訳，『性格の心理学』，アルテ，2009。

不过像这种需要孩子自己解决的问题，有时也需要父母伸出援助之手。如果父母和子女在心理上出现了隔阂，那么即使父母想要提供帮助，孩子大概也会抗拒吧。例如，孩子带着糟糕的成绩回家，如果家长劈头盖脸地臭骂"这样的成绩是怎么回事"的话，今后孩子就不会再听父母的意见了。

进一步讲，问题并不在孩子的身上。当父母和孩子之间出现了问题，应该互相沟通，共同解决问题。但是亲子之间过于疏远，想要解决问题将会变得十分困难，甚至陷入绝望的境地。以学习为例，父母认为自己的孩子是读书的材料，所以当孩子的成绩不好时，便痛加斥责，孩子会产生逆反情绪。这种情况下，父母和孩子之间的心理距离会进一步拉大，使得解决问题变得更加困难。

公愤——理智的愤怒

我们应该根据正义的原则，看到错误的事情就堂堂正正指出来。在这种情况下，我们所需要的不是情绪化的私愤，而是一种名为"公愤"的理智的愤怒。

这种愤怒是人们遭受权力骚扰，性骚扰，或是人权遭到威胁，导致人的尊严、人格的独立性或所遵循的价值受到威胁时感到的愤怒。日本理应是一个法治国家，当某些政客想要把日本变成一个人治国家的时候，民众便会产生这样的愤怒。

三木清将这种愤怒称为"由名誉之心产生出的愤怒"①，这种愤怒相比于感情更多是由理智产生出来的。不仅仅是为了维护个人的名誉、个人的利益，这种愤怒的根基在于人们内心中的正义感。在面对这种情况时，我们不应该只在乎自己的名誉，置身于同一立场的所有人都应以正义视角看待事物，并为此感到愤怒。

"正义感常常能够体现出来，是因为人们想要获得一个公共空间。正义感最应该被视为一种公愤。"②

尽管有些人认为某事是错误的（有这样的想法是一种公愤的体现），但是如果不表达出来的话是没有意义的。正如我们前文所述，要指出错误并不是一件容易的事。那我们应该如何应对呢？这个问题还要深入思考。

---

① 三木清，『人生論ノート』，新潮社，1954。
② 三木清，「正義感について」『三木清全集』（第十五卷），岩波書店，1966～1968。

理智的愤怒能够传播开来

关于"流行"这个问题，三木清做出了以下论述。

"习惯是一种自然的东西，与此相对，流行可以被认为是一种理智的东西。"①

这里三木所说的流行是指学习新事物。

比如发声抗议权力骚扰这件事，就可以称作"理智的愤怒"。

过去，在职场中，领导训斥下属被当作理所当然的事情。这里所谓的训斥并不是指出下属的失败和错误，并加以指导的形式，而是单方面的发怒，甚至让下属下跪这样的侮辱性行为。

今天，要是这样的行为被公众知晓，一定会遭到社会的指责，认为这是权力骚扰。不过至今仍然有人虽然不认同权力骚扰，但也觉得大声指导下属是有必要的。过去自己年轻的时候曾经被领导训斥过，并在被训斥后自身能力得到了提升。比如，有一位相扑的力士在晋升到大关级别的时候曾

① 三木清，『人生論ノート』，新潮社，1954。

说，自己能有今天的成就，多亏了当年师父用竹刀敲打、锤炼自己。

但是，那位力士的师父不知道自己的行为能培养出一位大关。与这位力士同时进入师门的其他力士中，也有很多人因为无法忍受这样的指导，早早就结束了相扑生涯。有的人因为原本就有能力，经过一些敲打、接受一些过分的批评之后，能力得到了提升。而那些能力不足的人，遭受这样过分的批评之后恐怕会选择放弃继续相扑这项运动了。相反，如果有能力的力士接受了合适的指导，说不定会更早发挥出自己的潜力。

曾经有一位教练，即便他的指导方式会让他的选手感到讨厌，仍然坚持用那些毫无疑问可以认定为权力骚扰的粗口、恶言指导队员。为什么队员被他臭骂之后没有进行抗议呢？因为跟随这位教练进行练习能够收获好成绩，所以一直忍受、纵容教练的权力骚扰。

但是，如果只是因为能收获好成绩这样的理由，并不意味着可以纵容教练的行为，对教练做的任何事情都照单全收。对于有损于人格尊严的行为，无论如何都必须毅然决然地提出抗议。

权力骚扰是不能接受的，并不是很早以前就被普遍认同的观点。随着"权力骚扰"这个词在日本社会流行，越来越多的人认同了权力骚扰是不对的，是不可接受的。这样的变化也改变了从前领导训斥下属这样的行为习惯。

在职场之外的人际交往中，流行文化也能够改变某些根深蒂固的习惯。例如跨地区调动工作（转勤、单身赴任）如今也开始被日本社会视为问题了。明明孩子刚刚出生，或是刚刚搬到新家，就接到公司的调令去另一座城市工作，这样的安排实在令人无法理解。

三木清所说的这种"理智的流行"并非是自然而然发生的，而是因为某个人觉得无法理解并为此发声，之后才在社会中传播开来的。

不要害怕孤独

害怕孤独的人，往往缺乏勇气不服从多数人的想法，不敢违背他人对自己的期待而采取行动。

公司中的其他人都服从领导的意见，只有自己不这样做的话，可能会产生一种孤独感。大家都盼望举行的活动，如果只有自己不参加的话，可能会担心领导忘记自己，或是被其他同事排挤。

有时一天工作进行得十分顺利，早早就已经全部完成了，正打算早点回家，但是其他的同事手头的工作都没有做完，这时实在不好意思开口说自己要先下班回家了。

当领导提出不合理的要求，或是发现领导的言行有不正之处时，想到如果向领导提出改进意见会让自己陷入不利或是孤立状态，就会赶紧捂住将要张开的嘴，对领导的行为默不作声了。

一些人害怕这样的孤独，想着如果这个时候表达自己的诉求可能会破坏和谐，因此选择了保持沉默。但事实并非如此，我们自己无法预测发声之后会产生什么样的后果。

打破虚伪的团结

无论是什么样的共同体，如果没有人质疑，大家都认同一种想法的话，这个共同体可能产生一种协同感、连带感。孩子如果不反抗父母，像父母理想中的那样听话顺从，亲子之间就不会出现摩擦，就能够实现一种稳定的亲子关系。

　　不过成员之间看上去毫无矛盾、一片和谐的共同体，事实上也只是一种虚伪的团结。有时，这种团结仅仅是人为制造出来的而已。例如，在面对外部威胁时，可能会通过煽动仇恨情绪创造出国民之间团结一致的感觉。当地震这样的自然灾害发生时，也有一些政客会英勇地站出来高呼：全体国民要团结起来共赴国难。

　　体育有时也会以同样的目的被政客所利用。有的政客将奥运会作为提升国家威信的工具。殊不知，这样的做法已经违反了奥林匹克精神。

　　如果孩子对父母的要求从未有过质疑，一切顺从，表面看上去好像是毫无矛盾的、良好的亲子关系。但当孩子想知道父母是怎样想的，父母想知道孩子是如何看的时候，如果他们无法坦诚地表达内心的想法，即便看上去十分和谐的亲子关系，实际上也仅仅是一种虚伪的团结罢了。

　　与此相反，孩子不需要揣度父母的心情就能够直率地说出自己的想法，这样的亲子关系看上去似乎会十分紧张，但有效的沟通，往往更能达到团结一致。

　　在某些群体中，成员关系看上去融洽，实际上团结也是真实存在的。这样理想的群体固然存在，但要达到这种状态，也一定经历过紧张和矛盾。

不仅是亲子关系，一个共同体之中就算只有一个人提出疑问："这样做不是犯错误吗？"他的所作所为就使共同体的一体感、连带感遭到破坏。如果因为畏惧孤独而默不作声的话，职场中的罪恶将会蔓延到全社会之中。

这种情况下，我们被社会化了的感情就开始发挥作用了。但是，在这种情况下必须记住：不要被"空气"所左右。

"孤独不是一种情绪，而是必须属于理智的一种东西。"[1]

我们刚才已经看到了，理智不会像感情一样容易被煽动。这是为什么呢？因为理智是个人人格的一部分。

即使自己的想法与周围的人差异很大，我们被社会化了的感情也不会因此发动，我们需要维护自身人格、理智、内心的独立，必须忍受孤独。

"人类所有的罪恶都是从受不住寂寞产生出来的。"[2]

关于什么是真正的愤怒，三木清是这样说的："只有那

---

[1]　三木清，『人生論ノート』，新潮社，1954。

[2]　三木清，『人生論ノート』，新潮社，1954。

些理解孤独为何物的人才能知晓什么是真正的愤怒。"①

　　畏惧孤独的人，即便知道职场中存在的各种不正之事也不会提出来。这是因为他们害怕在职场中遭遇孤立。

　　如果将领导的不正行为公之于众，说不定自己会被批评破坏了职场的和谐。告发职场中这些见不得人的事情可能也得不到任何人的支持。因为害怕孤独而选择无动于衷，明哲保身，不去揭发，就成了违规行为的同伙。为了实现真正的愤怒，我们必须变得孤独。

　　如同我们在前文中看到的一样，这种意义上的孤独，是一种在人群之中想要被关注却又得不到关注的孤独感，和我们一个人独处时的那种孤独并不是同一种感觉。真正的孤独大多是一种感伤，借用三木清的话说，"美的诱惑""美的品味"并不是一种孤独。正像三木所讲："当孤独到达了一种更高的伦理学意义时，这就成为问题了。"②

---

① 　三木清，『人生論ノート』，新潮社，1954。
② 　三木清，『人生論ノート』，新潮社，1954。

孤独的勇气是从与他人的团结中产生的

真正的愤怒与其说是一种情绪，更应该说是属于理智的一种东西。即便身边没有一个人支持自己，能够理智地理解变得孤独是具有一种伦理学意义的事情的人，是不会畏惧孤独的。

在职场和家庭中，为了建立成员之间真正的团结，如果每个人都不提出异议的话，虽然表面上看上去风平浪静，但我们需要投上一枚小石子打破这样的平静。

那些想通过明哲保身、对身边的不正之事睁一只眼闭一只眼，从而获得提拔机会的人，他们只关心自己，不在乎别人，最终会失去他人的信任。虽然组织中会有一部分人支持明哲保身，假装没有看到身边的不正之事，但很难想象所有人都会支持这样的行为。

人们在这样的状况中生活着，真的会变得孤独吗？

为了共同体着想的人，即便预想这样说、这样做将会给自己带来不利后果，但仍然敢于说出真相、采取行动。周围的人中，可能会有些人因为自身能力不足或出于其他原因无法做到这些，但他们愿意站出来支持这种勇敢行为。

相信这样的人存在并不是一件容易的事。人与人之间形成的团结带有"伙伴"（Mitmenschen）的意义，然而，这种关系通常不是一开始就能做到的。

揭发领导或是职场中那些见不得人的勾当不是易事，不仅可能得不到其他人的支持，说不定还会有人偷偷向领导举报。前面章节中，田中美知太郎的案例说明了这一点，当年他不是害怕政府的审查，而是害怕有人去告发自己。

那种疑神疑鬼的人将身边的人视为"敌人"，不相信任何人。这样的人是没有承受孤独的勇气的。尽管如此，我们在经历了这一阶段后，想到说不定会有支持自己的人存在，就会去寻求和其他人的团结了。

相信自己的伙伴

三木清曾经这样说过："奥古斯都说过，植物想要被人类观看，被人类观看对于植物来说是一种救赎。表现就是在救赎没有生命的物品，救赎物品就是在救赎我们自己。"[1]

---

[1]　三木清,『人生論ノート』, 新潮社, 1954。

看到一朵不为人知晓的小花偷偷开放，我不禁想道：如果我没有注意到这朵小花，没有在此驻足片刻，那么这朵小花说不定就会在无人知晓之间默默凋零。

三木在这里所说的虽然是植物，但是也可以解读为是在隐喻人类。虽然人类称不上是物品，或是不能被称作物品，但如果将三木上面的话解读为对"人类"的思考，我联想起那些曾经因遭受虐待而使自尊受到伤害、今天已经不在人世、已经无法发出声音的人。三木清自己也因为涉嫌违反治安维持法被捕入狱，在日本战败后死于狱中。如果三木能多活些年的话，肯定有更多话想要说吧。

我们要为那些虽有万语千言，却又无法再开口了的人发声。这样做能够救赎我们自己。我们要对社会中的各种不公、职场中的各种不正发声，也要替那些无法说话的人发声。尽管这可能会在短期内引起共同体的不安，但是从长远来看，这样的举动能够塑造真正的团结。

三木在说出上述观点之前，还这样说道："在孤独之中，物品真的作为一种表象性的东西在逼迫我们。而只有我们自己在表现活动之中回应这些呼唤，才能帮助我们克服孤独。"①

当我们具备了承受孤独的觉悟之后就能够发声了。即便自己不是当事者，也不会认为正在发生的事情与自己无关，这样就可以替那些无法开口的人发声了。

如果自己就是这里所说的"无法开口的人"，即便无法发声，我们也必须坚信一定有人会站出来代替我们发声。如果我们能站出来代替那些无法开口的人发声的话，我们也能相信他人会替我们发声。

如果我们不恐惧孤独，反而能摆脱孤独的困境。真正愤怒的人，即便最初可能感到被孤立，这样孤立无援的状态也不会持续很久。一定会有伙伴站出来支持自己，与自己一起战斗。

真正理解孤独重要性的人能够建立真正的团结。这是一种真正的团结，而不是那些表面上的虚伪的团结。三木清用"爱"这个词来描述这样的团结关系。"孤独扎根于最深沉的爱之中。在那里孤独拥有自己的实在性。"②

---

① 三木清，『人生論ノート』，新潮社，1954。
② 三木清，『人生論ノート』，新潮社，1954。

不要去分别

能够与他人共情，能站在他人的立场上看待问题的人，是不会轻易给别人扣上罪名的。

在佛教中，有一个词叫作"分别"。我们不应该将自己和他人分别开。我曾经听说有一个在父母的关爱下顺利成长的孩子，突然做出了偏离常轨的行为。孩子的父亲说"无法想象这竟然是我的儿子"。明明身为父母，却不能接受自己的孩子，这真是一件令人悲伤的事情。这位父亲就是将自己和孩子进行了分别。

一切纷争，都是因为将自己和他人进行了分别而起。在佛教中，所谓"净土"，就是将对方的一切原原本本地加以接纳的心的境地。当然，想要在现实世界中实现净土的状态是十分困难的。

正像我们刚才所看到的，人与人（Menschen）之间是联结（mit）在一起的，而不是相互对立的。人与人联结在一起，就是所谓的"伙伴"（Menschenmit）。

这里的"伙伴"，并不是指与自己有相同的想法、关系融洽这样狭义的伙伴。同那些与自己想法一致的人团结起来十分容易，而将那些想法与自己相左的人视为伙伴，可不是一件容易的事情。

阿德勒说过，那些成为善恶的审判官的人是有虚荣心的。[1]这样的人并不关心职场上或是社会中的正义，他们总认为自己是正确的，认为自己比其他人更加优秀。

但是我们应该设想，如果自己陷入同样的困境，能够揭发这些不正行为吗？去指责那些对领导言听计从的人十分容易，但是自己如果遭遇同样的问题，是否能够反抗领导？或许到时候我也会束手无策吧。有这种想法，人们就不会将自己视为审判官，将自己和其他人分别开来了。

不去分别也不是一件容易的事情，但是共同体中有能够这样想的伙伴的话，这样的共同体就是一个"净土"。在这样的共同体之中，人与人之间的团结才是真正的团结。

愤怒将人与人联结起来

个人的愤怒会让人与人之间的距离疏远，但是公愤反而

---

[1]　阿尔弗雷德·阿德勒，岸见一郎译，《性格心理学》，アルテ，2009。

会让人与人联结起来。正像我们在前文中提到的，公愤不是一种情绪，而是理智。通过这样的理智，我们就能够判断怎样做是善，怎样做是恶。

如果将公愤视为一种理智，那么像私愤那样，向身边人乱发脾气就变得没有价值了。因为公愤并不是一种情绪性的东西，而是基于理性的思考。

那些看到其他人犯了错误就会大发脾气的人，就是将自己和他人进行了"分别"。他们相信自己不会犯这样的错误，将自己摆在高于犯错者的位置上。"分别"是挑起一切纷争的罪魁祸首。纷争的目的是区分对错，但重要的不是纷争本身，而是解决问题。

当不可理喻的现实摆在眼前的时候，我们要做的不是到处发泄怒气，而是进行理性的对话。

第 五 章

对话能够

改变世界

对话是什么

最后我们再来思考一下关于对话的事情。我们在前几章中已经看到，当遭遇不公正的待遇，当尊严遭到伤害的时候，我们对此不会选择沉默，而是必须向罪魁祸首表现出"公愤"。这样的愤怒并不是情绪性的，而是通过语言表达的。且这样的语言主张不应该是单方面的自说自话，而应该是有逻辑地表达自己的意见。继而对方也必须开诚布公地说出自己的意见，形成两者对话。

问题在于，我们并没有理解这样的对话究竟是怎样一种东西。在这本书出版之前，我还考虑过用"对话的复权"作为本书的题目。但是，相比于复权，更重要的是对话能够按部就班地有序进行起来。后来编辑指出："既然说到'复权'①，对话就必须曾经按部就班有序地进行过。请问，迄今

---

① 【编者注】："对话的复权"一般指的是在交流或沟通过程中，恢复对话各方平等的权利，让每个人都有机会平等地表达自己的观点和意见。

为止有哪个问题是通过对话解决的？这样的状况不是从来没实现过吗？"因此我接受了编辑的意见，放弃了原先的题目。

但是，尽管对话在历史上从来没有过按部就班进行起来的时候（自古至今战争从未在人类社会中消失也是这个原因造成的），但是曾有哲学家提出过对话的必要性。压制对手，让对手屈服的各类方法之中，不依靠对话，只依靠力量的做法是主流。但是这样的做法只是再度确认了现实中存在的力量差距而已，却无法带来任何改变。那么我们该如何应对？即便实践起来会遇到很多困难，如果存在推动和指导问题解决的理想状态，那就是改变现实的第一步。

"对话"这个词的原意就是"逻各斯（logos）的交汇"。逻各斯在这里并不是指"语言"，而是"理性"的意思。思考本身就是我们将自己当作对手在进行的一种讨论，这种讨论外在化之后，其形态就是对话。内在的思考也好，外在的对话也好，有时会得出结论，有的时候则无果而终。

阿尔西比亚德斯①曾说过这样的话："苏格拉底承认自己不擅长发表长篇的演讲，自认为这一点不如普罗泰戈拉。不

————————

① 阿尔西比亚德斯（450—404 BC）是雅典杰出的政治家、演说家和将军。

过他能够通过问答进行对话，在一问一答之间说清楚自己的想法。在这一方面如果说有谁能够超过苏格拉底的话，我真的不太相信。"①

同样在《对话录》中，还有关于对话的另一种说法："将语言分成较短的部分进行对话这样严格的方法。"与此相对的方法是，当被问及一个问题之后就开始滔滔不绝，偏离讨论的话题，也不回答提问，甚至说的话长到足以忘掉对话主题的程度。一些政客的说话方式就是想要巧妙回避对方的提问，答非所问地一个劲儿说。苏格拉底是那种无论对方说的话有多长，也不会忘记说话内容的人，无论滔滔不绝还是言简意赅，他都可以应对，使对话得以成立。

对柏拉图来说，语言原本就是对话性的东西。不仅限于与他人对话时，在内心通过与自己对话、进行思考的时候也是如此，自己同时扮演说话的一方和听话的一方。一边不断追问自己，一边又在回答自己的追问，不断地对自己的想法进行肯定和否定。当想法达成一致，不再产生分歧的时候，

---

① Burnet, John ed., *Platonis Opera, 5 vols*., Oxford University Press, 1907.

就觉得可以做出判断了①。语言就是如此，从一开始就是一种对话性（dialogos）的东西，没有对话性就不能称作语言了。

现代——语言用法变得奇怪的时代

在现代日本社会，我们见不到真正能够称为对话的交流。在听政客们的发言时，我们无法分辨出哪句话是在陈述事实，哪句话又是他的个人意见；也无法区分出哪一条是客观判断，哪一条又是主观愿望。新冠疫情开始在日本社会肆虐的时候，政客们明明应该说"我认为政府在应对新冠疫情时没有迟缓"的时候，他们却如此断言："政府对于新冠疫情的应对完全没有迟缓。"在2020年东京奥运会能否举办前景不明的时候，我们总是听到政客们宣称："东京奥运会将会如期举办。"而在媒体见面会中，政客用"我们有未来的计划安排"这样的说法来搪塞和回绝记者的追问，甚至不回答记者提问，只是信誓旦旦地说出了自己的愿望和主观想法，就这样草草结束了媒体见面会。与其说是无法回答，不

---

① Burnet, John ed., *Platonis Opera,* 5 vols., Oxford University Press, 1907.

如说是他们在有意逃避这些问题。对于这样单方面自说自话的回答，却没有人站出来质疑，甚至只是点破这样简单的事实：政客的发言并没有回答大家的提问。这样的媒体见面会从一开始就没给对话的成立留下任何余地。

柏拉图说，思考就是灵魂将自己作为对手进行无声的对话①。我们可以认为，柏拉图在《对话篇》中继承了苏格拉底的方式，将内在的对话外显化，将灵魂的对话赋予了登场人物之间争论这样的形式。

柏拉图将这种对话的方式称为"辩证法"，将其与单纯的会话或演讲，即"修辞法"相区分。辩证法并非讲话者单方面地、长时间使用大量的修辞来陈述一件事情，而是讲话者之间相互用"是"和"不是"这样的方式确认对方的发言，能够通过你来我往的对话，一步一步地展开讨论。

如果能够采用这样的方式推进对话，即便双方站在彼此矛盾的立场上，也能够发现彼此观点的不同之处实际上并不多，在很多地方他们的想法是能够达成一致的。有时在一个又一个共识达成的过程之中，一方可能不得不放弃自己最初

---

① Burnet, John ed., *Platonis Opera,* 5 vols., Oxford University Press, 1907.

的立场。尽管最终放弃了自己的立场，但是使用这样的方法来颠覆自己原初的看法还是容易的方式①。

现代人必须理解柏拉图关于对话的论述，必须通过对话来解决问题。

在逻各斯中投射出来

在《斐多篇》中，柏拉图对比了在感知到的事实中探求，和在语言逻辑之中探求的异同。

"当我对事物的考察遭遇失败后，我发现自己需要注意一个问题：不要像在日食发生时直接观察太阳的人那样伤到自己的眼睛。观察日食的时候如果不借助工具将太阳投影在其他东西上来观察，往往会使眼睛受到损伤。我在想，其实很多观察活动与观察日食类似，用肉眼直接观察事物，用感觉直接去感知事物，可能会使自己的精神（灵魂）变得盲目。因此，我认为不应该直接观察事物，而应回归到逻各

---

① Burnet, John ed., *Platonis Opera,* 5 vols., Oxford University Press, 1907.

斯，在逻各斯中观察事物。"①

柏拉图想要明确地告诉我们：不应该直接观察事物，而是应该将之投射到逻各斯之中观察。因为事物的真实状况并非总是表面所呈现的那样。如果只是凭借直观感觉来观察事物，人们很容易被事物外表给人的强烈印象所欺骗，并且可能会被当时的情绪所左右。我们应该使用语言冷静地思考、推敲才可以。

柏拉图自己也指出这里使用的比喻存在一些问题，提示我们需要注意这些问题："恐怕我这里使用的比喻在某种意义上并不那么恰当。但是，有人说将事物投射到逻各斯之中观察，和观察事物的影子差不多，对于这样的说法我完全不能认同。"②

很多人认为我们现在看到的就是事物的全部，只需要直接观察就足够了，他们认为将事物投射到逻各斯中观察简直是多此一举。就像上文所说，他们认为这只是在观察事物的影子而已。比起去捕捉事物的影子，直接观察事物更好。

---

① Burnet, John ed., *Platonis Opera,* 5 vols., Oxford University Press, 1907.

② Burnet, John ed., *Platonis Opera,* 5 vols., Oxford University Press, 1907.

　　有如此看法的人，当你问他们如何看待勇气，如何看待美的时候，不难想象他们也会脱口而出给出自己的答案。他们会列举出很多关于勇气和美的例子。通过这种方法得到的回答，即经验性的答案可能会在某些特定情境下派上用场，但是这并不是"知识"。因为他们无法（有逻辑地）说明为什么这些方法能在这些场合有效，也无法将这个方法教给其他人。我常年给他人进行心理咨询，在有人向我咨询意见的时候，为了方便对方理解，我经常会举一些具体的例子来说明。有时候我也会举一些自己的亲身经历。但是问题在于，这些例子即便在"我"这里奏效，却未必能够适用到每一个人身上。举出的例子只要并没有形成明确的、普遍性的原理，是难以应用到其他人身上的。就拿教育孩子为例，有些方法在我和我的孩子之间有效，却未必适用于咨询者的家庭。

　　当意识到自己看到的并"不是"全部事物的时候，或是意识到自己看到的并非事物的全部，是事物"存在"着的一部分的时候，我们就已经不是在直观地观察事物，而是投射在逻各斯之中观察它。"因此，我们必须超越表面观察。而能使我们超越这种做法的正是逻各斯。"[1]

我们看到的事物是"存在"的，而且这些事物之间彼此存在差异，这些结论并不是我们直接观察事物得到的，而是我们赋予所见事物的，是我们对它们的思考和解读所形成的。[2]

通过逻各斯捕捉真实

当我们思考时，可能有些人的脑海中会浮现出一些事物的形象，而有些人则不会。有的人一边描绘图形一边思考，他描画的线和圈、三角形和方形并非直接来自眼前看到的东西。有的时候我们会突然想起一位被我们遗忘已久的人的面容。当时我们的眼前确实浮现出了那个人的面容，但脑海中浮现的面容并不完全与他们真实的面容相符。即便是刚刚与我们分开的人，我们也无法在脑海中清晰地再现他们的脸庞。

---

[1] 田中美知太郎，《逻各斯与观念》（收录于《田中美知太郎全集》第一卷），筑摩书房，1968。

[2] Burnet, John ed., *Platonis Opera,* 5 vols., Oxford University Press, 1907.

笛卡儿并非借助想象（imaginatio），而是借助理智（intellectio）才能够理解"千角形"这种物体。我们能够在脑海里浮现出三角形的形象，但是千角形是我们无法凭借想象理解的。我们甚至想象不出千角形是怎样一种形状，只能将其作为一种拥有一千条边的平面图形来理解。

当某一问题发生时，我们有时会去找律师或心理咨询师，与第三者商谈寻求意见。法律案件在这种情况下，当事人要向法官、律师、咨询师说明那些对方从未直接见过的事情；法官、律师、咨询师也要去理解那些自己从未见过的事情。律师还要说服法官认同被告人行为的正当性，或证明其无罪。作为法官，则必须面对自己没有直接经历过的事情，判断律师的辩护以及证人证词的可信性。对于那些坚持"不是自己亲身经历的事情就没法确认其是否真实"这种观点的人来说，像法官、律师、咨询师这样的工作原本就是不可能完成的。

迄今为止我们已经看到，思考是我们在内心对话的过程，即便是没有直接见过的事物也是能够理解的。但是这样的说法有时也有问题，原因在于我们内心的对话所使用的语言并没有直接与真实状况和真实事物产生接触。我们思考一

下，在庭审现场中绝大多数相关者只是在听了一些未曾直接
看过的事情之后，被迫去判断这些事情的真实性。其中还有
人必须将这些自己未曾见过的事情加以美化，并尝试说服法
官去相信这一套说辞。想要不被这一套说辞欺骗的话，辩论
技巧是必要的。苏格拉底将这样的技术称为"将自己一无
所知的事情讲给另一个对此一无所知的人，并使其相信的
技术"①。

　　尽管存在这样的问题，但仍然有一种感觉主义的偏见。
这种偏见认为直接观察对于了解一个事物的真实样态来说是
必不可少的②。在法庭上，经常出现证人虽然一直在当场，
但是证词内容会随着庭审的进展不断变化，产生前后矛盾的
情况。法官需要从各种各样的人说出的话中分析出事情的真
相，并对这些自己从未亲身经历的事情做出判断。这时法官
所依据的就是逻各斯这种工具。

　　如果亲眼见闻是判断一件事真实与否的必要条件，那就
只有当事者才具备判断的资格了。我常年做心理咨询，也接

---

① Burnet, John ed., *Platonis Opera,* 5 vols., Oxford University Press, 1907.
② 田中美知太郎，《逻各斯与观念》（收录于《田中美知太郎全集》第一
　卷），筑摩书房，1968。

触过很多只有借助第三者介入才能解决的难题。当事者之间由于各种利害关系的纠缠，即便能够坐下来对话，也很难冷静下来做出思考。

例如，对于一位占有欲极强的女士来说，如果一位与她毫无利益瓜葛的心理咨询师告诉她："一个人最喜欢的是能让他获得自由的人。"这位女士说不定能够接受这个观点。但如果这句话是与她发生矛盾的男士说出来的，这位女士则会认为他在找借口，想要合理化对自己的漠不关心。

通过假设—同意的对话捕捉事实

如果介入的第三者不能为当事者着想，那么事态就会愈发恶化下去。这里柏拉图还提供了一种称作"问答法"的方法，该方法不涉及第三方的介入，而是当事者之间通过反复问答的方式达到一个结论。

"如果对话双方能够一边达成共识，一边延伸自己的考察，我们就可以凭借自己的力量，同时扮演法官和律师两种角色。"①

像这样的对话能通过双方的共识推进每一个论点，通过问答的方式理性地解决问题。但是，在进行这种问答法的对话时，需要双方即便存在利害关系，也不将理性以外的东西混入对话之中。因为存在利害关系，双方就更要注意保持冷静，让对话能够持续推进。下文中我们再另行探讨如何确保不让理性以外的东西混入对话之中。

对话虽然能够通过两个人的共识推进，而对话的出发点如果不是一些确切、实在的东西，那么对话就会退化得只剩语言，变成一种被柏拉图称为"梦中的必然性"的东西了②。即使已经形成了一种完整的、必然的体系，但是这一切的出发点（柏拉图称之为"真实存在"）可能仅仅是空中楼阁，并没有确切的根据。用柏拉图的话说，这种"真实存在"只能在梦中看到，一旦醒来就无法再次体会到。将出发点放在自己并不真正了解的事物上，即便得到了某种结论，并且出发点和结论之间的逻辑过程也具备一贯性，这样的结

---

① Burnet, John ed., *Platonis Opera,* 5 vols., Oxford University Press, 1907.

② Burnet, John ed., *Platonis Opera,* 5 vols., Oxford University Press, 1907.

论也并不能称为知识。大多数的梦都是荒诞无稽的，即便梦有了首尾一贯的逻辑性，醒来也会发现其终是南柯一梦。

对话并不是游戏式的问答竞赛。这样的对话形式上类似我们今天的辩论，但并不是没有正确答案，随意哪一方的观点胜利都无所谓。随着对话的进行，某一方最初的想法可能会被放弃，但这并不像辩论赛那样随意选择一种观点都可以。

在对话的过程中，双方的出发点，以及对话中达成的共识都可以认为是一种"假设"，并需不断反复剖析这些假设。为了让这些假设能够变得更加确切，即便对话双方达成了某种共识，也仍然要将它们视为假设。这与被苏格拉底视为哲学出发点的"无知的知识"是相通的。

对话与修辞术之间的区别

就像我们观察日食的时候为了让眼睛不受伤，需要观察水中的太阳投影一样，我们需要将真相投射到逻各斯之中反复剖析和观察。如果不这样的话，有可能会受到情感的左右，而忽略了事物本质。

修辞学不关心某一个东西是不是真的，也不关心需要论证的是怎样的观点，重要的是如何说服对方。为了说服对方，修辞学使用的不是理性，而是情感。

我们需要将那种通过巧妙地操控语言，以说服对手为目的的修辞学与对话区分开来。

我们在之前的章节中已经看到，当苏格拉底被判定有罪，进入到量刑阶段时，他并没有让他的孩子们登上法庭，没有试图博得法官的同情，为自己争取减刑。

只考虑如何将真相说出来的苏格拉底，认为没有必要借助打动法官的感情，或巧舌如簧来为自己减轻刑罚。他并没有使用那些修饰过的辞藻试图说服对方。

想要说服对方的人通常会通过情感的倾诉，而不是基于理性（逻各斯）。这样的话，这个人就必须随时窥探听众的反应，去读当场的空气才可以。

柏拉图早在公元前4世纪就已经开始讨论在今天的政治领域随处可见的"剧场政治"了①。在剧场政治之中，人们不会像苏格拉底那样认为自己对任何事都一无所知，反而觉

---

①   Burnet, John ed., *Platonis Opera,* 5 vols., Oxford University Press, 1907.

得自己对一切了然于胸，在这种氛围下，一切事务都可以通过听众拍手喝彩来决定。所以柏拉图将这样的政治比喻成剧场。

得到众人喝彩的事情也未必就是正确的。在任何一个时代，都会有煽动政治家出现。这些煽动政治家不讲逻辑（逻各斯），总是通过情感的演说蛊惑人心，妄图以此支配民众。

即便这个人不是煽动政治家，只是在某一个领域取得优秀成绩，因而得到一定社会认可的人，他们在其他领域，例如关于教育问题提出自己的观点时，观点也经常会得到支持。在古希腊也一样，大众认为从政者并不需要具有专业知识，只要能够对某件事情发表自己的观点就足够了。

在这样的环境中，柏拉图将政治与其他的专业领域进行类比，也将政治视为一项技术。柏拉图看到人们凡事只诉诸感情，不理会真实是怎样的，经常被一些虚有其表的修辞术所欺瞒。面对这样的现状，柏拉图主张只有学习专业性的知识，成为政治方面的专家才可以从政。现代传媒经常将煽动政治家，或是那些自诩为学者的人推上前台。这些人使用的工具与古希腊辩论家们操弄的修辞术相同，他们巧妙地操弄人心，妄图支配大众。我们必须保持警惕，防止自己被这些修辞术所欺骗。无论一位政客赢得了多少喝彩，多么受大众追捧，我们都绝对不能轻易相信他的言论，必须抱着批判精神审视其发言。

现代的修辞术

古希腊既没有报纸也没有电视，想要说服众人支持自己的意见时，只能选择在那些人群聚集的场所演讲，通过巧妙的修辞发表演说来说服听众。修辞术在那个时期得到了长足的发展。

那些通过精巧的语言说服他人、支配他人的修辞术，在古希腊是一种支配人心的有力手段。然而，在今天的日本政坛中，却有很多政客连正面回答他人质询的基本技能都欠缺。他们都是先有了自己的结论，再去利用牵强附会的论据支持自己的结论。这样幼稚、拙劣的手法，完全无法构建真正的对话。

今天，修辞术已经不仅仅是为发表演说而服务的了，在报纸、杂志这样的印刷品中，电视、社交平台这样的媒体中，修辞术都在用巧妙的语言诉说感情，影响大众。如果这些语言试图将舆论引导到某一方向上，可能会传播一些错误的信息。即便事后发现它们都是些假新闻也无妨，最初的报道也并不会被删除。有时我们看到的影像是被刻意剪辑的，甚至有些事情完全得不到媒体的报道。

当今世界充斥着吸引眼球、徒有其表的信息，真相反而得不到传播。我们要警惕假新闻的欺骗，即使只能依靠有限的信息，或是凭借已被歪曲的情报，也要不懈地努力去了解真相。那些认为自己必须保持"中立"的记者，他们在报道中不会表明自己的观点，但经常会在文中使用"这件事情可能会遭到批评"之类的措辞。为什么他们不自己去批判呢？他们觉得可以凭借"保持中立"这样冠冕堂皇的理由不发表自己的见解，对于事情的真伪和价值不加任何判断。但是这样的想法是错误的。所谓的"中立"，只是这些记者遇事不做出自己的判断、不想承担责任的挡箭牌罢了。

虽然读者应该努力从不完整的新闻报道中读出真实的信息，但记者作为信息传递的关键角色，也不能因此而放弃自己的判断。保留自己的观点，这样的写作方式虽然看上去会给人一种客观的印象，但是只有积极地发表自己的观点，才能更好地意识到自己报道的事中存在的问题。

报社和电视台有时会出于自身利益或是政府压力，故意不报道某些事件，或是任意编辑报道内容，导致我们不得不从更多的消息源获取信息才能够了解事情真相，增加了我们了解事件真实情况的难度。尽管如此，我们仍然必须努力追求事情真相。

不关注"是谁"，关注"是什么"

迄今为止我们已经看到，在对话中存在很多非理性的要素，例如"间""空气"这样的东西。我们也看到，有的人在对话中只重视感情，并不关心对话的内容，只关注话是"谁"说的，或是"用什么样的方式"说的。

前文中提到过苏格拉底在临刑前与弟子们的对话，如果在场的人只能关注到对话的内容，就可以不去考虑这样做是不是损害发言者的形象，破坏当场的空气之类的事情。只关注是谁在发言，顾虑自己正在向谁说话，非但不能让对话变得更加顺畅，甚至会适得其反，阻碍对话的进行，让人将想要说出来的话重新吞回肚子里。

今天的社会中很多对话难以成立，原因在于很多人并不关心对话的内容是什么，而是重视谁在说话。为了让对话得以成立，我们应该重视这个人究竟说的"是什么"，而不是说话人"是谁"。

　　问题的关键在于那些说出的话是否正确，而不是说话者的身份。即便是领导发言，如果有错误，也应该被指出。如果害怕这样做会带来不好的后果，因而选择闭口不言，虽然有可能会避免人际关系方面的摩擦，但是没有被及时指出的错误还会引发新的问题。那些担心自己指出错误会遭到领导排斥和疏远的人，也都是只考虑自己利害得失的人。

　　重要的是，我们应该只去考虑对话内容，不在意说话者为何人，将说话人与他们的观点进行区分，对于那些正确的观点加以承认，对错误的观点加以批判，而不是去批判发表观点的人。

　　临刑前苏格拉底向弟子们说了这样的话："你们要是继续我的思想之旅，就不要过于在意苏格拉底是何许人也。快去关注真理，而不是苏格拉底。你们要是觉得我说得对就同意，要是不同意就请尽力用各种各样的论点来驳斥我吧。"①

　　他在其他场合也曾说过："你们都要堂堂正正地，就像

---

① Burnet, John ed., *Platonis Opera,* 5 vols., Oxford University Press, 1907.

生病时把自己的身体交给医生那样，把自己的身体交给讨论（逻各斯），用这样的方式回答我的问题。"[1]

对话就是将思想交给逻各斯。当你提出疑问时并"不是为了你自己，而是为了逻各斯"[2]。对别人观点提出疑问并非基于个人的情感充满恶意的行为。按照这样的逻辑去思考，在对话之中不应该关注说话者是谁，无论何时都必须将说的是"什么"视为重要问题。

无法分离的人格

但是，在实际的操作中，问题经常更加复杂，各种因素纠缠在一起。在批判其他人观点的过程中，我们并不会在不知不觉间失去对提出这个观点的人的兴趣。然而，为了让对话得以成立，我们不应该将说话者和他的发言内容、观点混同。即便加以批判，批判的对象也只是观点而已，并不是在批判某个人。如果一个人表明自己的观点，有人一律无差别

---

① Burnet, John ed., *Platonis Opera,* 5 vols., Oxford University Press, 1907.

② Burnet, John ed., *Platonis Opera,* 5 vols., Oxford University Press, 1907.

地进行批判的话，说明他们之间的对话从一开始就没有建立起来。

苏格拉底向弟子们说过："你们去关注真理相关的事情吧。"这句话就十分明白地揭示了这个道理。

此外，赫拉克利特[①]曾说："不要听从我，去听从逻各斯。相信万物享有同一法则的人是贤明的人。"[②]那时他所说的"逻各斯"既是表示世界内在道理和法则的"理"，同时也是"语言"，是包含在语言之中的"逻辑"。

问题已经十分明确，就是说话人和他说话的内容其实是分不开的。回想一下，在日常对话中，如果说话者是我们喜欢的人或尊敬的人，往往会毫不犹豫地接受其言论，但是如果我们讨厌的人说出同样的话，我们就不会接受了。如果与说话对象之间缺乏最基本的信任，当对方说的内容出现错误的时候，对话可能会因此无法持续下去。然而，如果与对方之间存在信任，即便对方所说的内容存在错误，或与自己的观点并不相同，我们也能够接受对方所讲的内容。我们很难

① 【译者注】：赫拉克利特（Heraclitus，约前544—前483年）：古希腊哲学家。

② 出处为赫拉克利特著作残篇的第50篇。

确认这样的信任是在关注对方发言的过程中产生的，还是在对方发言之前就已经形成了。

在政治领域，即便政客所说的内容是真的，若他只是照着下属写好的稿子毫无感情地读出来，那么民众也不太可能接受这些话语。举例而言，即使当时发布了关于防止新冠疫情蔓延的重要告知，有一些人也可能会因为不信任说话的政客，而不遵守这些重要事项。

在苏格拉底临刑前的极端情况下，他的弟子们还能继续批判苏格拉底的主张，是因为苏格拉底和学生之间存在着尊重和信任的关系。这样的尊重和信任是相互的，苏格拉底的学生们尊重和信任苏格拉底，而苏格拉底也尊重和信任他的学生们。正因如此，他的学生才会在那样的状况之下还在反驳他所主张的灵魂不死的观点。

我在学校教了很长时间的希腊语。作为一名教师，我的本职工作是判断学生将希腊语翻译成日语时的准确性，指出错误的地方究竟错在了哪里。从教师的立场出发，是不能只通过一次或是两次的错误来判断学生水平的。因为学生只是初学者而已，因为知识储备不足而犯错是十分正常的。老师应该不漏掉学生的每一处错误并将其纠正过来才可以，不能通过错误来判断学生的能力高低。

一般的人际关系之中也是一样，对方说不定会在什么时候犯错，有时我们也会因为对方的某句话而感到受伤，感到愤怒。但是不能只因为一两次这样的事情就与对方不再来往，断绝关系。亲子之间的关系在大多数情况下都是无法切断的。无论孩子对父母说了什么，父母都不可能因此断绝母子或父子关系。成年的孩子与年迈的父母之间的关系也是一样。但是，这并不意味着应该将孩子那些不正确的言行视作正确的。互相之间的尊重和信任关系的存在，才使对话变得可能。

这样想来，我们不禁开始思考这样一个问题：我们是否应该从一开始就关注说话者的身份而不是对话内容呢？为了不让自己单凭某个人这样或那样的观点就对其进行全盘否定，我们还是必须关注语言自身，而不是讲话者是谁。

说话的内容中隐藏着说话"人"的背景

人除了具有能够和他人交流的侧面，也有着独特性的侧面。这样想来，说的话比说话的人更重要，还是说话人比他说的话更重要，讨论这一组对立的命题固然重要，但我们最终还是不能将二者分开，只关注其中一方，而是需要同时考虑对话中存在的两面性。

这就是说，人可以同时具有两个侧面，一个是"谁"，即不能与他人交换的独特身份；另一个是"（说）什么"，即能够与他人交换的表达内容。沿着这个思路思考，不同的人对我们讲了同样的话，我们并不是仅仅从他们的话中抽象出、判断出表达的内容，而是从一开始就需要同时考虑谁在说话，以及那个人在说什么这两个问题。

还是相同的问题。当两个人发言时，即便他们讲的是相同的内容，我们在理解他们发言内容时所处的背景和他们发言时的背景也不可能完全相同。尽管在理想状态下，我们应该只关注对话内容，不去关注这句话是谁说的，但实际上，我们很难将发言内容单独从说话者中抽象出来。即使说的是同一句话，我们也需要追问说这句话的人是谁。当我们和其他人对话的时候，如果对方只关注我们的讲话内容，可能理解到的只是我们讲话的字面含义，我们并不会认为对方真正理解了自己。我们需要一种真实的感觉，那种对方是在和一个独一无二的自己对话的感觉。

这种理解并不意味着对方需要事先了解我们的个人背景。同样，我们在和其他人交谈时也没有必要完全了解对方的个人信息。即便是同样的对话内容，我们想要知道对方是出于怎样一种想法说出这句话的，就必须站在对方立场上，设身处地理解才可以。这时，我们就需要具备前面章节中阿德勒所说的"共情""不加区别"的能力了。进行心理咨询时，咨询师也是在了解前来咨询的人的基础上提供建议的。

对话，是生活方式的问答

但是，尽管苏格拉底主张将逻各斯从说话人中独立出来，他的对话最终还是导向了对说话人生活方式的探讨。尼奇亚斯①曾经说过"我能感觉出你可能还不知道这个事实：就是一旦当你接近苏格拉底与他对话，明明从某一个不相关的话题聊起，但很快就会被苏格拉底的话引导到他那里，之后必然会被问及你自己的事情，让你说说你现在的生活方式是怎样的、迄今为止你是如何生活的之类。一旦进入这个状

---

① 尼奇亚斯（Nikias，约公元前470—公元前413年），古希腊政治家、将军。

态，你会将苏格拉底所说的话全都细细领悟，剖析自己的生活，苏格拉底也不会让你轻易离开。"①

苏格拉底在剖析一个被称为智者的人时，并不是为了分析这个人有没有知识。与苏格拉底对话，意味着要接受他对你生活方式的剖析。这对于奉行"未经反省的人生，是没有价值的人生"②理念的苏格拉底来说，这种做法是理所当然的。但是据与苏格拉底对过话的人说，这样的对话感觉像是被毒蛇咬了一口。阿尔西比亚德斯曾经讲道："然而，我是被比毒蛇更加让人疼痛的东西——哲学的语言咬到了，被咬到的位置也是最令人感到疼痛的地方——灵魂。"③

柏拉图在《会饮篇》中提到的阿尔西比亚德斯述说的这种感觉，也正是年轻的柏拉图自身的感受吧。这是一种令人羞愧的感觉：发现自己身上还存在那么多缺陷，却将这些缺陷置之不顾，长期投身于雅典的国家事务，恐怕苏格拉底一定会对此不加置评，让我接受这些事实。甚至我会幻想，如果苏格拉底某一天从世界上消失了的话，将是多么快乐的一

① Burnet, John ed., *Platonis Opera,* 5 vols., Oxford University Press, 1907.

② Burnet, John ed., *Platonis Opera,* 5 vols., Oxford University Press, 1907.

③ Burnet, John ed., *Platonis Opera,* 5 vols., Oxford University Press, 1907.

件事啊。

然而，这样的说法实际上与阿尔西比亚德斯，也就是柏拉图自己的真实想法相反[1]。当柏拉图不得不面对老师将被处刑的现实时，那时的他又是何种心情呢？苏格拉底去世时柏拉图28岁。

苏格拉底曾强调"治疗灵魂"是无比重要的事情："诸君将心思都放在了如何尽可能多地获得金钱这件事上，此外还会关注自己的评价和声誉，唯独对智慧和真实毫不关心，从来不去在意，也不会担心自己的灵魂是不是变得足够优秀了。你们难道不为此感到羞耻吗？"[2]

苏格拉底继续讲道，如果有人对此抱有异议，在意我刚才说的这些事情的话，"我不会马上叫你离开这里，而是会继续追问你，详细地剖析你的情况"[3]。

对话就是这样，最终需要向一个人的生活方式发问才可以。苏格拉底的对话就是不断剖析一个人是不是采用了正确

---

[1] 【编者注】：阿尔西比亚德斯对苏格拉底的感情是复杂的，他既崇敬苏格拉底的智慧和品格，又因无法接受苏格拉底所倡导的生活方式而感到羞愧和痛苦。

[2] Burnet, John ed., *Platonis Opera,* 5 vols., Oxford University Press, 1907.

[3] Burnet, John ed., *Platonis Opera,* 5 vols., Oxford University Press, 1907.

的生活方式。

这种采用辩证法的精神，将说话人和他说的内容分开，与此同时对说话人的生活方式进行深入的剖析的做法很有深意。最初对话的话题并不在此，但在不知不觉之中就会转到与自己相关的话题上，变成自己以怎样的生活方式过每一天之类的问题。顺便提一下，刚才提到的苏格拉底的话"关心自己的灵魂是不是变得足够优秀了"，类似的说法还出现在他别的对话之中，被称作"治疗灵魂"（psyches therapeia）。这个词在英语等现代语言中写作psychotherapy，即"心理疗法"这个词。心理疗法，就像苏格拉底使用的"剖析"这个词一样，是一件非常严谨的事情。

对话成立的条件

柏拉图在《高尔吉亚篇》中提到，苏格拉底认为卡利克勒斯①满足了能够与他进行对话所必须具备的条件，并列举了这些条件。卡利克勒斯抱有一种激进的思想，认为弱肉强

_____

① 【译者注】：卡利克勒斯（Callicles，约公元前484—公元前5世纪末），古希腊智者学派哲学家。

食才是正义。

"如果我们深入剖析对方的灵魂，考察这个人的生活方式是否正确，需要看这个人是否满足以下三个条件：知识、好意和直率。我认为这三种品质在你的身上全部体现出来了。"[1]

接下来，我们来思考一下苏格拉底列举出的这三个条件吧。

即便是智者也一无所知的"知识"

第一个条件是"知识"。

苏格拉底在雅典的街头与一位青年对话。苏格拉底说自己并不是智者，自己对事物一无所知。而且通过和被称为智者的人进行对话，才发现那些人实际上并非真正的智者。

智者并不追求知识，因为他们认为自己已经拥有了足够的知识；无知者不想去追求知识，因为他们不知道自己一无所知。因此，只有介于智者和无知者之间的人才会去追求

---

[1] Burnet, John ed., *Platonis Opera,* 5 vols., Oxford University Press, 1907.

知识。①

　　苏格拉底严谨地剖析了自己和他人的知识。苏格拉底从阿波罗神殿的神祇那里得知世上没有比自己更加优秀的贤者这个事实。但是他并没有为此洋洋自得。他并不是亲自去请示神祇的意见，而是一位儿时的伙伴去德尔斐神殿请示神谕，向神明询问世上有没有人智慧能够超过苏格拉底时得到的启示。苏格拉底认为自己并非智者，但他想要弄清神明究竟想要告诉他什么。苏格拉底为了反驳神明的说法，开始去各处走访被称为智者的人，想要去寻找比自己的知识更丰富的人。就算只能够找到一位智者，也足以证明神明所说的是错误的。不过，在遍历②各地之后，他终于搞清楚了一件事。

　　这件事就是：那些被称为智者的人，尽是些自己明明什么都不知道，却以为自己无所不知的人。苏格拉底表示，世上的人都是一样的无知，唯一不同的是苏格拉底知道自己其实一无所知这个事实，也是因为这一点，他比那些不知道自

_____

① Burnet, John ed., *Platonis Opera,* 5 vols., Oxford University Press, 1907.

② Burnet, John ed., *Platonis Opera,* 5 vols., Oxford University Press, 1907.

己一无所知的人更有智慧。苏格拉底想，神明就是想要启示自己这件事情吧。

从这件事情之中我们能够明白几个重要的道理。首先，凡人并非神明，所有人在拥有知识方面都是一样的，都是平等的关系。正因为人们都是无知的，所以才渴求知识。这也是"哲学"这个词原本的含义——爱知识。如果我们觉得自己拥有了知识，就不会再去追求更多的知识了。

对等是对话的前提

而且，这样对等关系成立了，学生才能向老师、患者才能向医生请教那些他们不知道的问题。当然，对等是我们能够围绕某一问题展开深入对话的前提。一旦对等的关系得以确立，那么《高尔吉亚篇》中列举的其他条件，例如之后我们要分析的"直率"这个条件也能够容易获得了。讲授知识的一方，如果也认识到自己与学习知识的一方的关系是对等的话，就不会摆出一种自己在单方面传授知识的态度了。

有些人认为苏格拉底和那些与他对话的人之间绝对不是对等的关系。这样的想法是错误的。苏格拉底并不是神，不可能拥有完全的知识。因此当苏格拉底听到阿波罗"没有谁比苏格拉底更有智慧"的神谕时，他起初是不相信的。苏格拉底无论在哪里都不是一位智者，只是一个爱智慧的人罢了。在这一点上，苏格拉底与世上所有人都一样。唯一的区别在于其他人并不知晓自己的无知。只要是人类，就不可能拥有完全的知识，从这个意义上我们可以说苏格拉底和那些与他对话的人之间是对等的。如果不是基于这样的对等，拥有某种知识的人和还不具备这种知识的人之间只是存在着知识的传递，他们之间的对话却并没有成立。

苏格拉底对于知识有着上述理解，当他与青年进行讨论的时候，并没有使用晦涩难懂的语言，而是只用日常生活的语言进行对话。对于苏格拉底，是否具有说服力，是否用美丽辞藻加以修饰并不是那么重要。苏格拉底关心的只有一件事情，就是对话中的内容真实。

已到古稀之年的苏格拉底，当被他人起诉的时候才第一次踏进法院的大门。在审判开始时，苏格拉底对陪审员说出了下面这段话："我认为，即便今天向在座的诸君提出这样的要求也是正当的。我的遣词用句可能有的时候比较拙劣，有的地方比较优美，还请诸君不要过于较真，只要注意我说的哪句话是正确的，哪句话是错误的，细细思考我说的这些话就可以了。"①

今天有很多人在说话的时候喜欢用美丽的词藻修饰空洞无物的内核，这就是修辞术。另一方面，对话的目的是得到知识，或者说是得到真实。凡是与知识无关的事情就都不去想，凡是与真实无缘的东西就都不去说。

在苏格拉底看来，对于那些被称为智者的人，也应该让他们认识现实，应该毫不留情地让他们知道自己其实一无所知。当然这样做会让对方感觉到不愉快。苏格拉底也正是出于这个原因被告上法庭，最终被判处死刑。

"好意"使协作性的对话成为可能

使对话成为可能的条件，还包括前文中我们看到的对话成立三个条件中的第二个条件——"好意"。苏格拉底列举出的"好意""直率"，并不是在挖苦卡利克勒斯，实际上是认可了卡利克勒斯有资格与自己对话。卡利克勒斯感受到

---

① Burnet, John ed., *Platonis Opera,* 5 vols., Oxford University Press, 1907.

了苏格拉底对自己展示出的好意，因此对待苏格拉底如同对待与自己最亲近的伙伴们那样，给予他一些忠告。他告诫苏格拉底如果醉心于哲学，就会在不知不觉之间断送自己，因此要更加注意，避免这样的事情发生。面对卡利克勒斯的忠告，苏格拉底并没有加以讽刺，这正是苏格拉底的可贵之处。

如果对话之中没有向对话方展示出好意，就无法在两个人之间建立起协作关系。对话固然带有争论的味道，但是并不是以战胜对方为目的。如果没有好意的话，人们就会只想着批判对方，只想着压过对方这件事情了。

卡利克勒斯对苏格拉底说，弱肉强食才是人类社会通行的法则，并将其称为"自然的正义"。苏格拉底对卡利克勒斯讲出的这个事实感到陌生，是由于他过于沉浸在哲学研究之中。卡利克勒斯认为，哲学只应在年轻时稍微接触一些就足够了，不应该在年长后继续研究。对苏格拉底说"我对你抱有相当的好意"的卡利克勒斯，对苏格拉底讲出了上面的道理。

"直率"让我们不读"空气",敢于直接提问

只怀有好意还是不够的。如果考虑到苏格拉底与卡利克勒斯之间存在意见上的相左,相比之下,卡利克勒斯对于苏格拉底的好意达到了令人吃惊的程度。那么先于卡利克勒斯与苏格拉底展开对话的高尔吉亚和福罗斯,苏格拉底对他们的评价则是"缺乏直率,他们那样客气是没必要的"。他对卡利克勒斯说:"和我见过面的大多数人,并不能像你一样,毫不在意我会作何反应。因此他们也不会对我讲出自己真实的想法。"我们不应该把想说的话憋回去,也不要畏惧"空气"或"场"的影响。这时,对话得以成立的第三个条件——"直率"就显得尤为重要。

在之前的章节中,我们已经讨论过,"空气"和"场"会让人们变得很难直率地说话、做事。我们已经十分清楚,有人强调"空气"和"场"的作用,是因为它们能够抑制对话的进行,而且"空气"和"场"并不是不变的,也不是自然产生的,而是在必要时可以被改造的。"空气"并不是一种如同磁场般不可抗拒的力量。

我们在前文中提到阿德勒与抑郁症患者之间对话的事

例，发现即便患者并非有意为之，也会通过放慢说话速度的方式，试图占据高于治疗者的地位。举这个例子的时候，我们的着眼点并不在于患者用缓慢的方式说话的原因，而是认为缓慢说话这件事情自身就是有"目的"的，是想要通过这种缓慢来占据主导地位。

我们也看到，苏格拉底被执行死刑的那一天，还有学生在反驳他灵魂不死的观点。这种行为只有那些认为问题得不到明确的解释就不能罢休的人才会做出来吧。

我认为，许多年轻人是能够直率地提出了自己不明白的问题，敏锐地提问并直击要害的。在我演讲结束后或是在课堂上，询问大家是否有问题要问的时候，很多人会马上举手提问。

有人并不当场提出问题，可能是因为他们担心自己提出问题后，会被旁人觉得"他连这个都不知道吗"。然而，当他们听到别人的提问之后，自己也能鼓起勇气提问了。

有的人虽然会提问，但目的却是想要通过提问来显示自己的优秀。这样的人并不去听别人的提问，甚至连演讲内容都不去关注。提问之前，他自己先在头脑中进行彩排，当自己有了能够把话说清楚的信心之后才敢开口发言。那时，话题已经向前推进了很多，这个人已经被话题的进程甩到后面去了。

　　鹤见俊辅曾经写过，在他演讲的时候有的人会提出与他的演讲毫不相关的问题。伊万·伊利奇①来日本演讲时，演讲结束后问听众"有没有什么问题"时，有人竟然问出"您怎么看吉杜·克里希那穆提②"。③

　　这个问题与伊利奇的演讲内容毫不相关。提出这样的问题，只是在向演讲者和其他听众显示自己曾经读过克里希那穆提的书罢了。

　　说一件我自己经历的事。我曾经在一次演讲中专门介绍了阿德勒的相关内容。会后提问环节，却有一个人问"您怎么看维克多·弗兰克尔"。虽然弗兰克尔曾经跟随阿德勒学习过，并不是与阿德勒完全无关的人物，但这仍然让我感到非常唐突。

　　虽然这样提问的人比那些不提问的人要直率一些，但是他们十分在意自己会被如何看待，并不打算与演讲者展开对话。

---

① 伊万·伊利奇（Ivan Illich，1926—2002），美国哲学家。
② 克里希那穆提（J.KRISHNAMURTI，1895—1986），印度著名哲学家。
③ 鹤见俊辅，『大人になるって何？』，晶文社，2002。

那些犹豫着要不要提问的人，以及那些只是为了显摆自己知识而提问的人，都是只关心自己不关心其他事情的人。

只想着给别人留下好印象，没有听别人讲话就去提问的人，是不会读"空气"的人。而直率的人则是一旦问题在脑中闪过，就马上能够提出来的。有人会觉得直率的人才是不会读"空气"。但是在听演讲、听讲座时脑中突然闪过问题的情况，并不是只会出现在直率的人身上。将这些问题提出来，并不是只为了解答自己的疑惑，也是在为其他有同样疑惑的人做贡献。

费尽心思想要提出一个貌似有水平的问题，这样做是没什么意义的。因为没有听懂演讲内容，而无法提出一个"有水平"的问题，这样的情况反而是正常的。

即便暴露自己的无知也要提问的态度

田中美知太郎在自己的书中引用了高坂正显《哲学研究》中的故事。①那是高坂对照西田几多郎的原稿细致地校

---

① 田中美知太郎，『時代と私』，文藝春秋，1984。

正西田论文的一件往事。高坂发现西田几多郎在论文中使用了"於てある"这个表达方式，觉得这种日语表达方式不太正确。他感觉这在文章中反复出现应该不是笔误，所以不愿这样不加修改就送回出版社。于是高坂拿着原稿和校正稿去拜访西田家。

"'於てある'这个表述我看着总是有些别扭，不修改真的可以吗?"

西田接过原稿左翻翻右翻翻，片刻之后说道:"差不多这样就可以吧。"

实际上，西田在之前的论文《动者》中已经使用过同样的语言表达了。日常出席自己的讲座，与自己关系如此亲近的学生竟然问自己"不修改真的可以吗"，想必西田也会感到遗憾和惋惜吧。

但是，如果因为是老师的论文，即便自己看不懂也不去提问，这不是做学问应有的态度。我认为高坂的做法是值得肯定的，他没有隐藏疑问，而是选择拜访西田问个清楚。我觉得，如果西田并不是用一句"差不多这样就可以吧"回答高坂的提问，而是向充满疑问的高坂说明使用"於てある"的缘由，这样做不是更好吗? 尽管提出疑问会暴露自己的无知，但是相比于沉默不语，我还是更加期待前者。

从教师的立场上看，学生如果能够直率地提出自己的疑问，是比那些一直默不作声的学生更加难得的。即使他提出的问题用一句"教科书中的这个地方已经说明过了"就能够解决，也要比不提出来更好。

因为一个人只有对某个问题有了相当程度的理解，才能够知道自己还有不明白的地方。如果真的完全理解不了，提不出问题也是可以理解的。作为教师一定要知道，学生如果不提问题，恐怕是教师用威权的方式对待学生的提问造成的，是教师的教学方法出了问题。

理解那些抗拒对话的人

我们刚才已经看到，对等的关系是让对话得以进行的前提条件之一。很多人不认为亲子关系、师生关系、上下级关系是一种对等关系。不承认对等关系的人，往往试图使用权力压制他人。出于这个原因，弱势一方会敢怒不敢言，即使想要反驳也张不开嘴，即便内心不服也最终会屈从。

在人际关系中，想要占据优势位置的人实际上有一种劣等感。他们受不了有人的地位高于自己，甚至也无法容忍有人和自己的地位相同。他们时刻担忧自己会失去现在的地位。他们为了不让其他人威胁到自己的地位，必须用强力压制对方。因此他们会大声呵斥身边的人，以此维持自己的优越感。

真正优秀的人并不会炫耀自己的优秀，也不会让愤怒爆发出来。这样做是因为他们不想让自己显得无能。举个工作中的例子，他们并不会在工作场所第一时间公开责骂下属，而是通常会选择一个与工作无关的事情贬低部下的价值，让自己的价值得到相对的提高。

如果理解这个道理的话，我们就没有必要畏惧那些可能会被我们激怒的父母、老师、领导了。即便自己的言行惹怒了他们，也不需要关注他们的情绪，只需要听他们对自己说了什么，如果错误在自己的身上，只要之后改正就可以了。

通过实力与对话解决问题

奥本京子在大阪大学开设"为了和平的集中讲义"时曾

经在课堂上命令学生[①]:"请大家两个人一组,一个人将一只手牢牢握紧,另一个人试着将他握紧的手打开。"

　　教室中一阵嘈杂,过了一会儿奥本接着说:"有人刚才向对方说过'请把手打开'吗?"

　　她接着说:"为什么有的人费尽全力去掰开对方的手呢?用和平的手段超越纷争,通过对话与对方建立关系,对对方抱有想象力和创造力,这些都是十分必要的。"

　　我们从奥本这则逸事中可以看到,很多人并没有想过用对话来解决问题。他们使用的未必是有形的身体暴力,可能是劈头盖脸的斥责,也可能使用情绪性的方式试图压倒对手。这样的方法看上去能够简单并立竿见影地解决问题。

　　在日常生活中,这种情况屡见不鲜。这样的方法只能够让问题得到临时性的解决而已。与此相比,通过对话来解决问题虽然费工夫,却能带来更持久的解决方案。

---

① 『朝日新闻』2003年5月23日夕刊。

对话的成立从质疑自明性开始

根据我的理解，苏格拉底作为一位哲学家终其一生进行的对话，以及苏格拉底的精神继承者们展开的对话，实际上并不是在追究和确认那些既有的价值观，而是彻底地怀疑社会和文化的价值观念。本书从开始到现在已经一步一步厘清：这样的对话未必旨在否定绝对价值的存在。即便有些东西已经被赋予了价值，但是并没有什么东西是刚一开始就理所当然地拥有某种价值。

因此，无论涉及什么样的问题，都应该明白没有什么是不言自明的，凡事都必须通过逻各斯进行详尽的论证才可以。如果有人认为某些事情是理所当然的，没有讨论的必要，并因此拒绝对话和讨论的话，我们绝对要毅然提出反对才可以。

村上春树在与河合隼雄对谈时说过，那些被称为超自然现象的东西虽然可以写在小说之中，但在现实生活中基本上没有人会相信它们的存在。即使是这样的村上，当他踏上诺门罕战役的旧战场时，看到坦克、炮弹、饭盒、水壶依旧保持当年的样子，散落在各处，他捡起几枚迫击炮弹的碎片和子弹带回到宾馆的房间。晚上，他突然在一阵剧烈的摇晃中惊醒，摇晃剧烈到让人无法在房间中行走。然而，当他在一片漆黑中摸到门口，走到走廊上后，摇晃突然间消失了，一切回归寂静。他对河合讲道："那时我觉得自己的体验，应该是与某种精神性的波长产生了共振。这恐怕是自己因为在故事中对诺门罕产生了一种认同，才会带来的结果。我虽然不认为自己经历的是超自然现象之类的，但是能感到超自然现象的作用，与这种现象产生的一种联系。"①

河合听了村上的故事后说道："这样的经历虽然很难解释，但是我认为这样的事情是存在的。我们只能说它存在，就不去做拙劣的说明了。"②

而且，当被村上春树问到《源氏物语》中出现的怨灵之类的超自然现象是否也是一种现实时，河合回答道："我认为那些东西完全是现实的。"③

像这样用"这种东西存在"来总结对话，无论什么话题

---

① 河合隼雄·村上春樹，『村上春樹、河合隼雄に会いに行く』，新潮社，1996。
② 同上。
③ 同上。

都可以到此为止了。这实际上是对言论（逻各斯）的封锁。灵异现象虽然时而流行、时而衰退，但是大家对它的关注从未消失过。河合对于灵异现象不加评论，只是回答"存在"。在这里，我们看不到苏格拉底的影子，那个即将赴死还在围绕灵魂不死这个问题进行辩论的苏格拉底的影子。一个人如果不认为生与死是绝对的隔绝，他的观点便可以不加批判地接受。

伊丽莎白·库伯勒·罗斯[1]说过："死亡只不过是从现在的人生转到另一种存在而已。"[2]人死亡后并不是化为乌有，如果被告知死后与活着的状态并没有什么区别的话，有些人可能就会不再惧怕死亡了。这与被告知现在虽然受苦，但是到了另一个世界就能够获得救赎一样。现在活着的人是不可能经历过死亡的，如果不认为死与生之间存在绝对的区别，将死视为生的延长，这样的人想要逃避痛苦时，可能会去结束自己的生命。

---

[1] 伊丽莎白·库伯勒·罗斯（Elisabeth Kübler-Ross，1926—2004），美国作家。

[2] ロス，キューブラーほか，上野圭一訳，『永遠の別れ』，日本教文社，2007。

语言作为一种符号时带来的可能性和危险性

许多人可能难以不加批判地接受上节的观点。但是，如果有人告诉你：既然生在这个国家就一定要爱这个国家，这时，如果你觉得无法将这样的道理当成一个理所当然的真理接受，你将会感受到有一股难以抵抗的力量在影响着自己。

弗洛姆[①]说，爱是一种技术。既然作为一种技术，就需要知识和努力。但是很多人并不认为爱是这样一种东西，他们认为爱的问题在于对象是谁，即爱虽然十分简单，但是没有合适的爱的对象、被爱的对象的话，问题就没这么简单了[②]。在这一点上，爱国这种情感中，爱的对象是十分明确的。爱国似乎是一件容易做到的事情，也被认为是理所当然的事情。但事实真的如此吗？

这里我们先将这件事视为理所当然的，不让自己去思考这件事的合理性。我们可能会被巧妙的方式说服，在不知不

---

① 【译者注】：艾里希·弗洛姆（Erich Gromm，1900—1980年），美国心理学家、精神分析学家、哲学家。
② フロム、エーリッヒ、鈴木晶訳，『愛するということ』，紀伊国屋書店，2020。

觉之间停止思考一句话的本来含义。被某些话所蒙蔽的人，他们也会不去确认自己听到的语言与这个语言所对应的现实关系了。那些原本仅仅是一种名称的语言，反而开始独立运转起来。这样一来，名称就被赋予了一种如同实际存在的假象。

语言有时作为一种信号（sign）发挥作用，有时也作为一种符号（symbol）发挥功能[1]。作为信号时，语言与事物之间具有一种二元关系，两者之间直接联系。而作为一种符号时，语言与事物之间并没有直接联系，而是在想法、观念等媒介的作用下与事物产生关联。在这个意义上，它是一种语言、事物、观念（想法）三者之间的三元关系。

语言超越信号功能开始发挥符号的功能之后，就摆脱了只是作为事物名称（onoma）这样的角色，第一次能够成为逻各斯（logos）。当语言承担符号的功能时，语言和事物之间并没有直接的联系，我们听到某个词语的时候，也并不认为其在指代某种事物，而是将之理解成彼此的想法。想法和观念作为媒介，语言、事物、观念三者之间的关系得以成

---

[1] 藤沢令夫，『イデアと世界』，岩波書店，1980。

立。当语言承担信号功能时，语言与其指示的事物之间相对应；作为符号的时候，语言就能够拥有一个独立于事物、事态的领域。

因此，当人们被逼问的时候可以编织谎言，小说家也可以进行超越现实的创作。但是作为符号的语言与事物和观念之间形成的三元关系也存在问题。语言和眼前的事物之间并没有直接联系，语言有自己独立的运行逻辑，即语言自身成为一种实体了。例如，"爱"这种东西本身并不存在，实际上只是"爱某事物"这种行为而已[①]。

超越被动性

在任何时代，那些接受民众喝彩和欢迎的煽动政治家们，往往用豪言壮语振奋和控制住民众的心。他们将国家推向战争，而情绪已经被煽动起来的民众失去了思考的能力。大多数人都不具备彻底批判的精神，他们将很多事物理解为

① フロム，エーリッヒ，佐野哲郎訳，『生きるということ』，紀伊国屋書店，2020。

不言自明、理所当然的。这是为什么呢？我认为恐怕是下面这样的原因造成的。施政者也好、民众也好，大家都有一种观念：发生在自己身边的事情全都是被动性的存在。因此，政客有时用花言巧语，有时用暴力来支配民众，而民众也接受了政客们的支配。

在此前的章节中，我们反复探讨了感觉至上主义，即人们认为自己看到的就是事物的全部。但实际上，我们并不会被动性地将自己观察、感知的事物全盘接受。这一点我们将在后文中看到。

我们已经分析过感情这种东西，也了解到人们并非是无法抵抗感情的。英语中passion这个词对应着激情、激怒、热情等意义，其词源是拉丁语patior，意为"承受"。这样看来，passion好像应该是一种被动性的东西，一种很难抵抗的力量。但是，在有必要的情况下，抑制感情这件事能够凭借个人的意志实现。

进一步说，人们出于某些原因，并不会成为被动地对外界做出反应的生物。即使经历相同的事件，每个人的反应也都不尽相同。当突发事件或是灾害发生之后，学校会派遣心理咨询师提供心理帮助。这些导致抑郁（心理创伤）的事件发生在每一位学生的身上，但是每个人对于事件的反应也不可能完全相同。人不是被动的反应者，而是行动者（actor）。

例如，大阪府池田市发生池田小学事件①之后，某一位精神科医生在接受电视台采访的时候表示，但凡卷入这个事件的学生，即便现在没有表现出来，在今后的人生之中也"必然"会出现某些问题。我当时听到他的发言感到十分震惊，但这位医生的话却是有道理的。很多人认为，人们在许多场合都只是单方面地承受（patior）外来的刺激，或者被动受到所处状况的影响，并且对这样的刺激、状况无能为力。基于这种认识，为了治愈受到伤害的内心，治疗者所能做的只有倾听或站在患者一方理解他，除此之外就没有其他积极的应对方法了。持这样想法的心理咨询师是无法通过语言（逻各斯）与患者进行真正的对话的。

---

① 【译者注】：池田小学事件是2001年6月8日发生在大阪府池田市大阪教育大学教育学部附属池田小学的恶性杀人事件，1名男性冲入池田小学，用菜刀砍死、砍伤23名学生与教师，造成8人死亡、15人受伤的恶性事件。事件发生后，学校安全问题得到了日本社会的高度重视。

对自己的人生负责

我们不用去想象遭遇天灾或事故之类的重大事件，只需思考一下身边发生的事情。例如，一位平时十分理性的人出于某种原因突然愤怒地大喊大叫起来，这种状态会被认为是被情绪支配了的表现，说成"不知不觉间砰的一下就怒了"。虽然知道这样做是不对的，人们有时还是会选择伤害他人甚至使用能够杀人的说话方式。在古希腊哲学中，这样的事态被称作ἀκρασία，其英文写作akrasia，意思是没有抑制力，力量薄弱。ἀκρασία是一种由于意志薄弱，尽管知道某种事物对于自己来说是善的（有利的），却无法做到；或是明明知道某件事情是恶的（没有利的），却仍然去做的情况。关于这样的情况是否能够存在，是古希腊哲学中的一个重要课题。

柏拉图不承认这种矛盾的存在。他认为当存在两个以上的选择时，因为犹豫选择其中的哪一个而难以做出决定的状况是不会出现的。当一个人选择某一种行为（A）而非另一种行为（B）的时候，他就是认为A而非B是善的东西。人在做选择时，会选择自己认为是善的事物，而这样的选择并不是受某些因素的支配做出的，也并不会受到这些因素的妨碍。即便是犯错误，这一切都是基于个人的自由意志的，是理智的产物。如此想来，心理咨询也并不是只站在患者的一方、倾听患者的诉说这样简单的事情，应该是能够使用语言（逻各斯）与患者进行真正意义上的对话。

如果认为人们并非基于自由意志，一切都是完全由外部刺激、成长经历、周围环境（兄弟姐妹关系、亲子关系、文化）来决定的话，那么这种理解方式的前提应是：人会受到这些因素的影响而发生变化。果真如此的话，教育、治疗、心理咨询等对话也并不是毫无意义的。诚然，突发事件或是外部环境无疑会在人们做出选择的时候对当事者产生重大的影响，但这并不意味着人们没有自主决定的空间。这样的选择有可能并不是我们自觉做出的，如果自己能够做出决定，那么之后也可以改变自己做过的决定，从而改变自己的生活方式。因此，人们需要对自己的言行负起真正的责任。当医生或心理咨询师对患者说"并不是你的错"这句话时，就是将患者的责任模糊化了。

阿德勒说过："我们不能将患者放在依赖他人和无责任

的位置上。"①将患者放在无责任的位置上，把患者的痛苦归因于其自身选择以外的事情上，从而让患者本应肩负的责任消失不见。

将患者置身于依赖他人的地位，就是对患者说"并不是你的错"，让患者意识到"原来不是我自己的问题"。医生像这样用净化（katharsis）的方式治疗患者，就是在使患者依赖自己。即便出现了抵抗治疗的患者，对他说"你自己理解不了这个问题"的话，治疗者就变身为权威，也更容易让患者依赖自己了。

那些不愿对自己的人生负责，不愿去改变现有生活方式的人，反而喜欢这样的心理咨询。这样的人无法放弃意志薄弱（ἀκρασία）的逻辑，愿意过这种被动的、凡事都不需要自己做出判断的、对他人说出的话不加分辨一律拍手喝彩的人生。

另一方面，有的人虽然会发言，但并不是基于自身的思考进行发言，而是将权力作为背景说话。弗洛姆将这样的人称作"受虐者型的人"。如果将弗洛姆的理论拉到本书的语

---

① 『人生の意味の心理学』。

境下，也可以将之称为在"空气"的背景下说话。弗洛姆是这样描述的：

　　受虐者型的人，他们的主人是自己之外的权威，将主人作为良心或心理上的强制力内化于心，将自己从做决定这件事之中解放出来。换言之，他们放弃了掌握自身命运的责任，更没有必要对自己应该做出怎样的决定感到困惑。同时，他们也从思考人生的意义是什么，"自己"究竟是谁这样的困扰之中解放出来了。自己是谁这样的问题，可以借助将人与人团结起来的那种力量来解答。如此一来，人生的意义、自我的认同，都由自己屈服的那个更大的集体来决定了。[①]

　　孩子从成年人那里被赋予了某些属性。当说到"那朵花（那个人）好漂亮"的时候，"漂亮"就是一种"属性"，是赋予花或是人的一种性质（属性）。R.D.莱恩[②]使用"属性化""赋予属性"（attribution）这个词来称呼这个过程[③]。

　　属性赋予的问题在于它有时会成为一种命令。当大人说

―――――――――――

① Fromm, Erich. *Escape from Freedom,* Holt, Rinehart and Winston, 1941.

② 罗纳·大卫·莱恩（Ronald David Laing，1927—1989）。

③ Laing R.D. *Self and Other*, Pantheon Books, 1961.

出"你是个聪明的孩子"这句话的时候，大人并非在陈述这个孩子很聪明这个事实，而是将自己对于孩子今后应该变得怎样的理想和愿望强加给孩子，是在命令孩子变得聪明。

孩子也可以抵抗这样的属性赋予。同样，一个人的人生意义由权力来决定，我们自己的社会认同也是由权力来决定，这是有问题的。我们之前也已经看到，人是自由的存在，即便屈从于某种力量也是他个人的选择。但是，自由这种东西伴随着责任，那些不堪自由重负的人会放弃自由，转而依赖那些掌握权力的人。

告别事后逻辑，选择事前逻辑

阿德勒使用了"劣等感情结"这样的说法来描述"因为自己是A（或是自己不是A），所以做不到B"这样的推论方式。这种逻辑在我们的日常沟通中很常见。作为这个A，需要拿出让别人不得不认同，而且自己想要认同的理由和借口。例如，神经官能症可以被视为A的效果。

阿德勒将这样的逻辑称作"人生的谎言"[1]，指出这样的谎言不仅欺骗了别人，甚至连自己都骗过了。当自己必须去面对的问题已经摆在眼前，却想要回避的时候，必须有一个理由能够让这样的回避正当化。这样一来，一个人先是下决心不想处理眼前的问题，事后再去建构一种逻辑让自己的选择正当化。这样的逻辑被阿德勒称为"表面上的因果律"（semblance of causality, scheinbare Kausalität）[2]。为什么说这样的因果关系只是"表面上"的呢？实际上神经官能症这个原因，与症状之间并没有因果关系。神经症患者采用这样的逻辑，其理由是这样的逻辑可以让自己回避责任：明明是自己在急需解决的问题面前犹豫不决，却将自己的彷徨归咎于其他人或是自身之外的状况（遗传、父母的教养方式、环境、性格等）。

在进行心理咨询的过程中，患者有时会说谎。这样的谎言是患者有意编造出来的，咨询师必须探求真相。但是患者

---

[1] アドラー，アルフレッド，岸見一郎訳，『個人心理学講義』，アルテ，2012。

[2] アドラー，アルフレッド，岸見一郎訳，『生きる意味を求めて』，アルテ，2008。

的谎言是"由内心生出来"的话，那么就根本不存在什么真相，患者相信他的谎言就是真相。行为的理由是事后才被赋予的。然而像这样的"事后（post factum）逻辑"常被误认为是"事前（ante factum）逻辑"。

心理咨询师在进行咨询的时候，绝不能认可和肯定这样的事后逻辑。这样做非但无法解决问题，一旦心理咨询师告诉咨询者"你没有错"，责任就会变得模糊不清。因此，在心理咨询中必须通过某些方式来察觉这种"由内心生出来的谎言"，并对其加以援助才可以。如果通过那些安慰的话语进行心理咨询，那么整个咨询过程就会给人留下一种被动的印象。真正的心理咨询，实际上并不是咨询者被咨询师治愈了，而是咨询者抱有了恢复常态的强烈意志，与咨询师齐心协力通过对话的方式验证自己的逻辑、剖析自己的生活方式。如此这般，咨询者只能依靠自身的力量恢复常态，但是这个道路上却充满了险阻。

事后逻辑为了将道理与现实相适应，会毫不犹豫地改变道理。这样做当然并不是毫无理由的，人们会因为道理与现实相违背，或是道理无法解释现实，因而用诸如不现实、并未经过实践之类的理由，来修改逻辑（逻各斯、语言）。

然而逻各斯并不与实践或是实际行为直接关联。后文中
我们将会看到，理论与理想并不会原原本本地反映现实。而
且，理论固然存在一些不足，有很多尚需改善的部分，但也
绝不应该因为理论并非是现实存在的这样的理由而拒绝这个
理论，将其废弃不用，以求让理论与现实一致。当理想与现
实之间相去甚远的时候，那些述说理想状态的逻各斯会十分
空洞，一些人也会认为这样高举理想的大旗是没有意义的。
但是，现实本来就与理想相去甚远，就像有法律规定不许在
夜间偷邻居家的鸡，如果完全没有人偷盗的话，这条法律就
没有必要制定了。正是因为有人偷邻居家的鸡，处罚小偷的
法律才有意义。加藤周一是一边思考着日本宪法第九条，一
边想到上面这个比喻的[①]。

有人说逻各斯必须与现实一致，但实际上很多人想让现
实变得与自己的预期一致。在发动战争之前需要的那些大义
名分就是实例。对于发动战争的人来说，想要将战争正当
化，他们需要一些大义名分（逻各斯），而这些并不是事前
逻辑。为什么这样说呢？与其说是在发动战争之前就已经有

① 加藤周一，『9条と日中韓』，かもがわ出版，2005。

了某些理由，不如说是先做出战争的决定，然后再找出某些理由将这个决定正当化。从这样的意义上说，大义名分是一种事后逻辑。有时我们也可以看到，战争的发动其实另有真实原因，但是这个真实原因上不得台面，只凭借这个理由也不足以发动战争，还需要一个更加冠冕堂皇的理由才可以。

此外，还可以制造某些既成事实，再以现行逻辑（例如《宪法》）已经不符合现状为理由，主张改变现行逻辑以适应现状的变化。这同样也能够达到建构事后逻辑的效果。

逻各斯虽然是为了实现某种理想的东西，但现在看来，它也可能是为了改变现实而建构出来的事后逻辑。这样的事后逻辑毋庸置疑也是一种逻各斯。这提醒我们需要怀疑逻各斯的自明性：逻各斯绝不意味着是绝对正确的。

事前逻辑才是我们需要追求的，而非那些会随着现实的变化不断变化的事后逻辑。如果不这样的话，我们的人生将失去可以作为支持和根据的灯塔，因为逻各斯并不能担起这个重任。

轻信语言的后果

很多人看似都不相信语言，柏拉图认为这是言行不一致所导致的[1]。当父母在孩子面前大肆说教的时候，孩子也在观察父母的行为。孩子会想，像你这样的家长，明明连自己都不去做的事情却让我去做，明明连自己都做不到的事情却要求我做到。他们会当着父母的面，直接指出他们言行不一致的问题。这样所说所讲与所作所为不一致的人，他们的话如果没有听众，势必会导致一种"语言厌恶"的结果。

克拉底鲁[2]主张万物都是流动、变化着的，因此他不去言说事物，而是用手指示。因为无法用语言说明，任何事情只能一言不发地用手指示。赫拉克利特[3]说过："人不可能两次踏入同一条河流。"[4]柏拉图和克拉底鲁对这个世界的看法是一致的，即我们在说"这个"的时候，我们所指的东西并非是停在那里一成不变的，因此我们只能用"像这样的"

---

[1] Burnet, John ed., *Platonis Opera, 5 vols.*, Oxford University Press, 1907.

[2] 克拉底鲁（Kratylos），古希腊哲学家，是诡辩派的代表人物。

[3] 赫拉克利特（Ἡράκλειτος，约前540—前483年），古希腊哲学家、爱非斯派的创始人。

[4] Burnet, John ed., *Platonis Opera, 5 vols.*, Oxford University Press, 1907.

说法去指示事物[1]。有人认为话语是普遍性的、抽象性的，通过语言来描述一个人是无法将这个人独一无二的特性展现出来的。

那些经历过语言和它所描述的事物之间存在鸿沟的人，往往会成为"语言厌恶"者。

像这样对语言失去了信任的人，相比于听一个人说什么，他们更倾向于关注说话人是谁，并去揣度说话人的心理和动机[2]。而那些经历过将想法转化成语言很困难的人，有些人会放弃努力，转而变成"语言厌恶"者。

与此相对，还有一群能够称作"语言喜爱"者的人存在。他们与刚才看到的"语言厌恶"者相反，并没有感觉到语言和事物之间存在距离和隔阂，认为自己有某一种感觉，那么其他人也一定是这样感受的；自己有某一种想法，那么其他人也一定是这样思考的。或者，有人做梦都没有想象过会有人与自己的想法不同。这样的人所引发的问题远比"语言厌恶"者更加严重。

---

[1] Burnet, John ed., *Platonis Opera, 5 vols.*, Oxford University Press, 1907.

[2] 田中美知太郎，『ロゴスとイデア』（『田中美知太郎全集』第一卷所収），筑摩書房，1968。

藤泽令夫评价道："在现代，占据支配地位的并不是对于语言的怀疑，而是对于语言的轻信。"①我认为他说得完全正确。

超越相对主义

从结果来看，问题的核心在于我们是否认同刚才看到的那些观念，以及是否相信绝对真理的存在。我们在读柏拉图的《对话篇》，看到苏格拉底进行的对话时，如果对这些对话产生一种反感或抵抗感，那么我们就像托马斯·斯勒扎克②所说的一样，是受到了相对主义的影响。"作为一个生活在20世纪，信奉民主主义、多元主义、反权威主义的人，对于眼前看到的事情有话要说却又没说出口，这是因为我们被社会中不断蔓延的相对主义所裹挟，被相对主义的思维方式带走了。"③

---

① 藤沢令夫，『イデアと世界』，岩波書店，1980。

② 托马斯·A. 斯勒扎克（Thomas A. Szlezák，1940— ），德国古典文学家、哲学家。

③ スレザーク，トーマス，内山勝利ほか訳，『プラトンを読むために』，岩波書店，2002。

柏拉图观念论的意义在于，相对于那种认为世界完全是流动的，无法找到一个绝对的价值存在的想法，观念论认为观念是一种具有绝对价值的东西。与此相对，有人认为这个世界上虽然有着这样或那样的价值，但是每一种价值都并非是完美的。这样的看法是将理想与价值混为一谈了，是"偶像崇拜"。

为了回避这样的混同，我们只有采用一种方法，就是通过剖析自己和他人，不断防止自己产生"已经具备了何种知识"的感觉，让自己回到那种一无所知的状态。为了让这样的状态成为可能，我们需要通过自己与自己进行对话，以及与他人进行对话的方式来实现。

拥有改变这个世界的勇气

一个人行为不正，根本原因在于他对于善恶的判断发生了谬误。如果政客和官僚们知道他们不正的行为会让他们立马失去民众的支持，那么他们必然会加以改正。相反，如果他们做事时并没有行端履正，但对此也没有任何踟蹰，是因为他们已经确信这样做绝对不会失去民众的支持。果真如此的话，说明容许这样的事情发生的民众认为政客和官僚们的行为是善的。

　　我们必须对这个世界上各种不合理的事情表现出愤怒，必须一直保持理性的"公愤"。想要做到这一点，我们只能通过理性的对话，而非情绪的宣泄。悲观地看，虽然另一方可能并未准备好与你进行对话，但是批判对方，向对方发起人身攻击也并不能解决问题。

　　前文中我们已经看到，阿德勒曾说："我总是在思考怎样才能让这个世界发生改变。"[1]当不合理的事情在眼前发生而自己却无能为力时，也不要感到绝望，我们必须努力找到我们能够做的事情。可能单凭一己之力并不能改变什么，但是我们这些认为应该让这样不合理的世界发生改变的人集合起来、一起行动，这个世界就必然会开始改变。

　　有的话能够被人们听到，也有的话传不到对方耳中。当然，这并非物理意义上的传递。大声将话喊出也未必能够被听到。我的愿望是，我在这本书中说的话能够传递到各位读者的耳中。那时，我的话就不再是自言自语，我们之间的对话也就此开始了。

---

[1]　Bottome, Phyllis. *Alfred Adler: A Portrait from Life*, Vamguard Press, 1957.

后　记

这本书从我执笔以来已经花费了两年多的时间。实际上，核心章节我从2007年就已经开始动笔了。在书中我也提到过，2006年50岁生日刚过，我突然因为心肌梗死病倒了。万幸的是治疗奏效，让我捡回了一条命，但是一年后还需要进行冠状动脉旁路移植的手术。出院之后我限制了自己的工作时间，努力疗养身体。

这段时间我并不是每天在家静养。住院的时候，我的主治医生曾经建议我："你写本书吧，因为书还能够留下。"这个建议让我开始奋发学习。在住院期间有朋友来探望我时，我得知他们正在举办维克多·冯·魏茨泽克的研究会，每个月都在读魏茨泽克的德文著作。还在住院的我当时还没有出去参加研究会的自信，因此直到出院后的下个月才参与其中。这个研究会的导读者是木村敏老师，本书中大量引用木村老师的著述，正是多亏了这样的机缘。

本书的原稿是在出版社向我约稿之后才正式动笔的，当时的写作并没有想象中那样顺利，最终未能如期问世。

那段时间赶上东日本大地震发生，我一度怀疑世界是不是再也回不到原来的样子了。直到现在，世界依旧没有恢复原来的状态。

从那个时候，"愤怒"在我这里就成了一个亟待研究和分析的重要课题。也是受到自己常年研究的阿德勒的影响，我认同他对于愤怒的看法，认为愤怒这种感情作为解决问题的手段是毫无作用的。我当时觉得，通过语言对话来解决问题，就没有必要动用愤怒这种情感了。这样的想法一直持续到今天，本书也说明了对话的重要性。

但是，之后一件又一件不合常理、荒诞无稽的事件接踵而来，我心中的怒火也着实要喷涌出来了。我在想，这种愤怒感究竟是怎样的一种东西，它与人际关系中展现出的愤怒是不是同一种情绪？

这样的疑问在我心中存在了很多年，仍然没有得到解答。

好像我的习惯就是并不急于给出答案，而是喜欢细细思考、琢磨。不知不觉（我自己这样认为），有一年我认识了三木清。我第一次读到他的《人生论笔记》的时候还是一名有志于哲学研究的高中生，这次能够与他"再会"让我受益匪浅。

三木将愤怒区分为"私愤"和"公愤"。读到这里，我感觉自己终于解开了一个困扰多年的疑惑，对于不合理的事情，我们必须感到愤怒。

接下来，在两年前，时任僧伽出版社编辑的佐藤由树老师给我发来出版合同。我读了出版策划书，佐藤老师想让我写一本名为"不发怒的勇气"的著作。那时我听从主治医生的建议，已经写了很多书，佐藤老师就是在认真读了我之前的著作后帮我取的这个题目。

我回复佐藤老师说，如果题目是"愤怒的勇气"，我就可以写。当时我的构想是想要写一本关于愤怒的书，但并非"私愤"或"情绪化的愤怒"，而是作为"公愤"的愤怒，我想告诉读者：我们不能沉默不语，不能毫无行动，我们要拥有改变这个世界的勇气。佐藤老师接受了我的方案。

从那之后的两年，新冠疫情的蔓延势头有增无减。日本政府在应对新冠疫情时，颁布了紧急事态宣言，但仍然坚持举办了东京奥运会。这导致奥运会结束后疫情变得一发而不可收拾。这一连串事件都让人怒火难消。

过去，我一直对战争感觉不可思议，想不通为什么战争一直无法消失。后来我经历了新冠疫情下的东京奥运会，连没有专业知识的普通人都知道，一旦奥运会开幕，必然会导致疫情的迅速蔓延。但是，奥运会的举办仍然没能得到制止。

我虽然被一种无能为力的感觉所折磨，但也知道如果我们放弃扑灭熊熊烈火的努力，那么火势就会愈发凶猛。我知道，历史进程不会被那些庞大、无法抵抗的力量所撼动。我们没法依靠那些高高在上的人强加给我们的东西去改变什么。只有愤怒者们团结起来，才能改变这个世界。

我盼望这本书出版的时候，一切都已经结束。读者们在读到书中的内容时会不禁回忆：还有过那样一个时代呢。即便已经能够回到过去那样平稳的日子，我们也不能袖手旁观，屈服于那些我们感觉无法抵抗的强大力量。倘若我们任由它们横行，那么同样的灾难又会卷土重来。

本书原本计划是由僧伽出版社编辑出版，没想到僧伽出版社后来因为破产，无法继续承担本书的出版工作。十分感谢河出书房新社后来决定出版本书。

在本书的编辑出版过程中，佐藤由树老师、川松由绪里老师以及河出书房新社出版社的尾形龙太郎老师认真地校阅了本书的原稿。因为疫情，我们并没有直接会面，而是在一次又一次的线上会议中推进本书的出版。发自内心地郑重感谢这几位老师。

岸见一郎

2021年8月

参考文献

1. Bottome, Phyllis. *Alfred Adler: A Portrait from Life*, Vamguard Press, 1957.

2. Burnet, John ed., *Platonis Opera,* 5 vols., Oxford University Press, 1907.

3. Descartes, *René. Les Méditations, Œuvres* philosophiques. Tome II, Garnier Frères, 1967.

4. Fromm, Erich. *Escape from Freedom*, Holt, Rinehart and Winston, 1941.

5. Gorthe, Johann Wolfgang von. *Götz von Berlichingen*, Jazzybee Verlag, 2012.

6. Gorthe, Johann Wolfgang von. *West-östlicher Divan, Epen. Maximen und Reflexionen*, HardPress, 2018.

7. Laing R.D. *Self and Other*, Pantheon Books, 1961.

8. Manaster et al. eds., *Alfred Adler: As We Remember Him*, North American Society of Adlerian Psychology, 1977.

9. Rilke, *Rainer Maria. Geschichten vom liben Gott*, Alica Editions, 2019.

10. Sontag, Susan. *Illness as Metaphor and AIDS and Its Metaphors*, Picador, 2001.

11. Johns, H.S., Powell, J.E. eds., *Thucydidis: Historiae,* Vol. 1, Oxford University Press, 1942。

12. アドラー，アルフレッド，岸見一郎訳,『生きる意味を求めて』，アルテ，2008。

13. アドラー，アルフレッド，岸見一郎訳,『性格の心理学』，アルテ，2009。

14. アドラー，アルフレッド，岸見一郎訳，『教育困難な子どもたち』，アルテ，2009。

15. アドラー，アルフレッド，岸見一郎訳，『人生の意味の心理学』，アルテ，2010。

16. アドラー，アルフレッド，岸見一郎訳，『個人心理学講義』，アルテ，2012。

17. アドラー，アルフレッド，岸見一郎訳，『子どもの教育』，アルテ，2014。

18. 伊坂幸太郎，『PK』講談社，2014。

19. 今西錦司，『生物の世界』(『中公クラシックスJ8』所収)，中央公論新社，2002。

20. 今西錦司，『自然学の提唱』(『中公クラシックスJ8』所収)，中央公論新社，2002。

21. 上野正彦，『死体は切なく語る』，東京書籍，2006。

22. 加藤周一，『羊の歌』，岩波書店，1968。

23. 加藤周一，『9条と日中韓』，かもがわ出版，2005。

24. 河合隼雄・村上春樹，『村上春樹、河合隼雄に会いに行く』新潮社，1996。

25. 岸見一郎・古賀史健，『嫌われる勇気』，ダイヤモンド社，2013。

26. 岸見一郎，『三木清「人生論ノート」を読む』，白澤社，2016。

27. 岸見一郎，『シリーズ世界の思想 プラトン『ソクラテスの弁明』』，KADOKAWA，2018。

28. 岸見一郎，『マルクス・アウレリウス「自省録」』，NHK出版，2019。

29. 岸見一郎，『人生は苦である、でも死んではいけない』，講談社，2020。

30. 岸見一郎，『三木清　人生論ノート』，NHK出版，
2021。

31. 木村敏，『あいだ』，筑摩書房，2005。

32. 木 村 敏，『関 係 と し て の 自 己』，み す ず 書 房，
2005。

33. 木村敏，『生命のかたち／かたちの生命』，青土
社，2005。

34. 木村敏，『心の病理を考える』，岩波書店，1994。

35. 木村敏・檜垣立哉，『生命と現実』，河出書房新
社，2006。

36. 串田孫一，『雑木林のモーツアルト』，時事通信
社，1993。

37. スレザーク，トーマス，内山勝利ほか訳，『プラ
トンを読むために』，岩波書店，2002。

38. 田中美知太郎，『ロゴスとイデア』（『田中美知太
郎全集』第一巻所収），筑摩書房，1968。

39. 田中美知太郎，『時代と私』，文藝春秋，1984。

40. 鶴見俊輔，『大人になるって何？』，晶文社，2002。

41. ドストエフスキー，木村浩訳，『白痴』，新潮社，
1971。

42. 長尾雅人訳注，『維摩経』，中央公論社，1983。

43. 中岡成文，『対話と実践』（『新・岩波講座　哲学
10』所収），岩波書店，1985。

44. 藤沢令夫，『ギリシア哲学と現代』，岩波書店，
1980。

45. 藤沢令夫，『イデアと世界』，岩波書店，1980。

46. 藤沢令夫，『プラトンの哲学』，岩波書店，1998。

47. フロム，エーリッヒ，鈴木晶訳,『愛するということ』, 紀伊国屋書店, 2020。

48. フロム，エーリッヒ，佐野哲郎訳,『生きるということ』, 紀伊国屋書店, 2020。

49. フランクル，ヴィクトール，霜山徳爾訳,『夜と霧』, みすず書房, 1961。

50. ヘーシオドス，松平千秋訳,『仕事と日』, 岩波書店, 1986。

51. 辺見庸,『愛と痛み』, 河出書房新社, 2016。

52. 星野一正,『医療の倫理』, 岩波書店, 1991。

53. 三浦しをん,『舟を編む』, 光文社, 2011。

54. 三木清,『三木清全集』, 岩波書店, 1966～1968。

55. 三木清,『人生論ノート』, 新潮社, 1954。

56. 三木清,『語られざる哲学』(三木清,『人生論ノート 』所収), KADOKAWA, 2017。

57. 鷲田清一,『「聞く」ことの力』, TBSブリタニカ, 1999。

58. レイン，R.D.，中村保男訳,『レイン　わが半生』, 岩波書店, 2002。

59. ロス，キューブラーほか，上野圭一訳,『永遠の別れ』, 日本教文社, 2007。